Pregnancy Knowledge

All that You Need to Know about Pregnancy

Pregnancy Knowledge

All that You Need to Know about Pregnancy

懷孕必備枕邊書

All that You Need to Know about Pregnancy

推薦序

市面上關於懷孕的書籍非常多。但是內容和品質相差甚多，留學日本，在日本執業的婦產科張震山醫師，為眾多想要生兒育女的女性朋友，或正在懷孕階段的婦女，寫了一本溫馨關懷的必備枕邊書，全書圖表和文字交錯編排，加上流暢的文字說明，是一本不可多得的孕產婦指導手冊。

懷孕生產的過程，有期待的憧憬、有踏實的幸福感。這愛情結晶雖有甜蜜，但也要承受心理上、體力上的雙重負擔。懷孕是上天的傑作，其中包含了許多非常複雜的身理和心理變化，婦女對懷孕的知識，大都來自同儕、母親或是家人，但這種口耳相傳的醫療資訊，難免有些失誤，在不同的文化和背景下，有不同的禁忌或傳說，某些是能夠對應現代醫療的概念，而某些卻並無理論和實證的根據。

而初次懷孕的婦女，更由於欠缺懷孕過程中所需要的知識，對懷孕的這

件事，有著害怕和畏懼的心情；如果有一本經過醫師以專業用心的編寫，和醫師同儕們所肯定的懷孕手冊，一定能為懷孕的婦女帶來正確的資訊。依循這本書的正確導引，及醫療實證的方式，可以協助準媽媽來渡過這一段身體和心理變化極大的煎熬過程。

懷孕生子的大事是每位父母必經之路。二十一世紀的少子潮流已洶湧來臨，蔚為趨勢。因此，準爸爸媽媽對懷孕生子的過程，更是小心翼翼，處處提防，唯恐違逆了優生學，讓寶寶輸在起跑點。為了懷孕的母體健康與胎兒的優質成長，準爸爸準媽媽一起攜手動起來，已不是口號。這本書教導妳（你）如何輕鬆愉快地實現該做的事。

作者張震山醫師，就是在這個理念的驅使下，花了和懷孕一樣的時間——九個多月的孕育和努力，寫成了這本枕邊書，讓所有將要成為母親，或已經身為人母的女性朋友，能夠分享作者豐富和正確的產科知識。由於作者久居日本，文中有許多專有名詞的使用，和台灣的習慣用語有所出入。編輯部有鑑於此，商請台北市立聯合醫院——婦幼部產科主任姜禮盟醫師及優生保健科林錦鴻醫師仔細閱讀本書，並修訂中日文化差異的名詞定義；希望

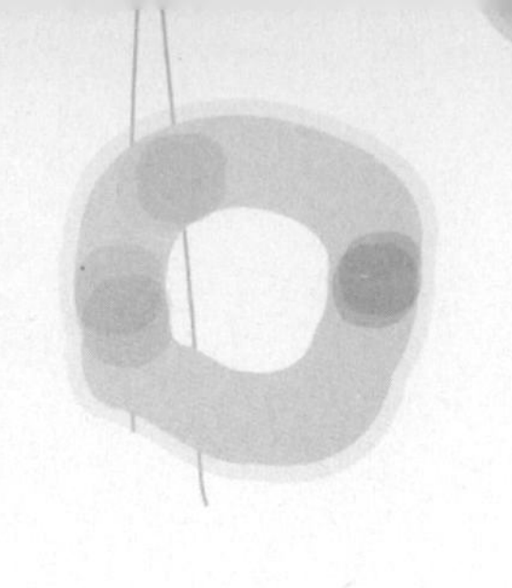

台灣的讀者可以簡單方便的吸收其內容，而不會誤解作者的原意。

這本書可貴的是，它涵蓋的章節鉅細靡遺。包括懷孕前母體的心理建設與健康認知，胚胎著床前的胎教；懷孕的機轉、母體的變化、胎兒的成長；懷孕的保健、母體的營養與運；產後的照護與復健等。對懷孕中的性生活，也給予正確的觀念。全書內容完整，能夠正確的教育產婦，掌握保護胎兒和母親安全的各項重點，不至於對胎兒和母親產生不可回復的危害，保護了胎兒和母親的安全。這使本書不同於一般制式以文字說明為主的衛教手冊，而能夠傳達更正確的醫療資訊。

在這裡感謝作者張醫師對本人的看重，諒我不才，能為他這本精心著作寫這篇序，也希望透過這本懷孕時必備的枕邊書能帶給台灣願為人母、人父的年輕一輩更好的觀念和資訊，也有助於導正婦女對懷孕這件事情的錯誤觀念。

余堅忍

於台北市立聯合醫院　婦幼部

前言

懷孕是一個女人生命中的大事。每個女人在得知懷孕的那一刻起，內心難以言喻的喜悦，以及隨之而來的身體微妙變化，都是身為女人最驕傲、也最美麗的時刻。

在過去，有關懷孕的知識大多經由年長的婆婆媽媽們，將自己的經驗口耳相傳，教給初次懷孕的女人。這些以經驗相傳的知識雖有幾分可信度，但畢竟乏科學與醫學的佐證，難免有些偏差。

幸運的是，二十一世紀的現代人已擁有十分進步的科學與醫學，懷孕的媽媽們便可藉助這些先進的專業知識技術，充分了解懷孕的過程，並以最佳的狀態迎接新生兒的到來。

本書就是以專業的醫學新知與科學方法，從懷孕的各個階段切入，包括懷孕、懷孕保健、胎教、分娩、產後，告訴懷孕媽媽們需要注意的事項，以及在這段時間可能出現的種種問題與解答。淺顯易懂的文字敘述，配合一目瞭然的圖表說明，閱讀起來毫不吃力，輕輕鬆鬆就可以獲取切身所需要的知識。

這是一本準媽媽們必備的實用經典，更是準爸爸們送給親愛老婆的貼心好禮；當然，準爸爸們也應該詳細閱讀此書，才會更體貼老婆懷胎九個月的辛苦哦！

我們謹以此書獻給天下所有的媽媽們——已經是或即將是媽媽的妳。

總而言之，懷孕中的女人——最美麗！

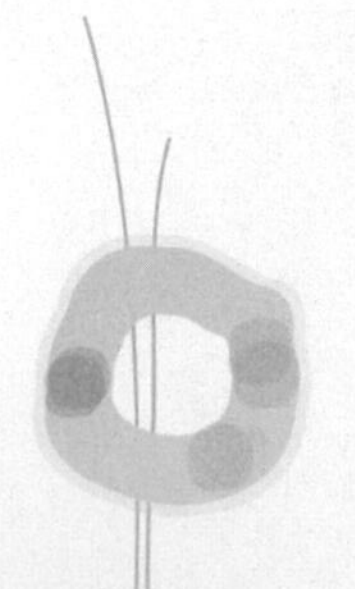

目錄 CONTENTS

目錄 CONTENTS

PART 4 分娩

PART 5 產後

PART 6 附錄

自從懷孕的那一天起，
妳就是一位媽媽了。

懷孕

PART 1

“懷孕徵兆”

每一個女人從懷疑自己有了身孕到證實已經懷孕，都會有一種特殊的感覺。這種感覺並不是由猜疑所引起，而是身體產生的一種充實感。這種感覺和身體因為受孕後分泌的荷爾蒙有關，它會影響孕婦自懷孕後的所有情緒和行為。證實自己已懷孕後，接下來的另一個懷孕徵兆是疲倦。雖然有少數婦女在懷孕後會感到精力充沛，但是大部分的孕婦都有容易打瞌睡、有時在起床後數小時便想再睡的情形。

月經停止

懷孕最明顯的象徵是月經過期不來，因為女人在受孕後兩星期內便會停經。但要注意的是，雖然懷孕是造成停經的理由之一，但不能因為月經沒來就立刻判斷自己已懷孕，也有其他可能引起月經停止的情形，如婦女的內科疾病、嚴重休克、長途搭乘飛機、憂慮或外科手術後，及心理生理的過度壓力等因素，也有可能造成停經。另外，在剛懷孕時，有些婦女會有少許經血從身體裡流出，並維持一個短時期，這也是一種很常見的現象。有些婦女誤以為這是正常經期，這也正好解釋為何有些婦女會誤以為懷孕期是八個月而不是九個月。

嘔吐

大部分孕婦在懷孕初期都會有噁心、嘔吐的現象，也就是一般人常說的「害喜」。但害喜的程度是因人而異的。懷孕初期，婦女血液裡的荷爾蒙增加了許多，這種荷爾蒙稱為「絨毛膜促性腺荷爾蒙」（HCG），它分泌在血液裡面，刺激雌性荷爾蒙和黃體素繼續分泌，使子宮內膜不致剝落，從而可以維持正常懷孕。

這種絨毛膜促性腺荷爾蒙會隨著小便排出，所以只要驗尿便可以知道自己有沒有懷孕。當它在血液裡增加時，孕婦害喜感到噁心的現象便會相對增加。一般來說，這種現象只維持至第十二至十四個星期。絨毛膜促性腺荷爾蒙突如其來的驟增，會直接刺激胃內壁粘膜，造成嘔吐現象。它也會使血糖降低，使孕婦感到飢餓和暈眩，有時噁心和嘔吐會同時發生，這種症狀一般持續大約六個星期左右。

飲食的改變

有些孕婦在懷孕初期，甚至停經之前，對於飲食的口味會突然改變。有些人表現出來的是對某種食物特別愛好，如酸味食物。婦女懷孕後，通常醫生禁止懷孕婦女吃的食物和飲料包括油炸的食物、咖啡、含酒精食物和香煙等。也有人形容懷孕後吃東西如同嚼蠟，由此可知，懷孕對飲食味口的改變。孕婦對某些食物的偏愛，也可能是與體內的荷爾蒙分泌有關。

頻尿

懷孕時期，因為婦女體內的子宮不斷增大，會壓迫與它相鄰的膀胱，所以，懷孕的婦女便頻頻感到想小便，但是，每次的小便量通常不太多。這種常想小便的感覺最早開始於受孕後的第一個星期，然後持續到分娩之後才回復正常。除非妳小便時覺得刺痛，否則便不用請教醫生，因為這種感覺到第十二個星期便會習慣。

乳房增大

有些婦女在月經來時會感覺乳房沉重、刺痛。懷孕初期，乳房也有同樣的感覺，甚至比平時還加劇。有些婦女在停經前已感到乳頭刺痛、乳房增大沉重及接觸時有疼痛的感覺。在早期懷孕時，乳房表皮下的靜脈會擴張，可以很明顯的看到分布在乳房上的脈絡。而且，這時乳腺會擴大，乳頭也會增大和變深褐色。

其他的反應

每個婦女在證實自己懷孕後，都有不同的反應。有的婦女會因為環境的轉變而對懷孕的消息不表歡迎；有些婦女可能認為，懷孕會給她帶來很多不便，以及因為身體的不適而感到不愉快。這只是消極的一面，其實，許多婦女在得知自己懷孕時的感覺是驚訝又喜悅的。不管妳的反應是上述的哪一種，最重要的是：妳和另一半都要完全地接受妳已懷孕的事實，不可以因為早期懷孕的跡象不明顯而當作若無其事、漠不關心。妳應該為即將面臨的整個懷孕過程設想一下，不要以即興的態度去面對它。

驗孕的方法

驗孕的方法通常是取小便化驗即可知道。婦女懷孕後，體內的胎盤形成後，人體內便產生一種荷爾蒙（激素）叫做「絨毛膜促性腺荷爾蒙」，可由尿中排出。若要準確驗出有沒有受孕，必須在月經過期一至二週後才能驗出來。以下是一般診斷懷孕的方法：

驗孕棒

這種方法是用小便做試驗樣本，可自行到西藥房購買驗孕棒來驗孕。由於驗孕棒的製造廠商不同，所以用法也有些不同，因此，在使用驗孕棒時應先閱讀使用說明書。一般來說，驗孕棒的使用方法是將小便滴入驗孕用的試紙裡，等五分鐘後再看結果。由試紙顯示的顏色參照說明書，即可判斷出有沒有懷孕。

小便試驗

用一個乾淨的杯子或器皿，裝著空腹時解出來的小便樣本，將它交給醫生或化驗師，他們會經由實驗結果得知妳是否懷孕。

陰道檢查

在第一次產前檢查時，醫生會為妳作陰道檢查。檢查時，是將兩根手指伸入陰道直至觸摸到子宮頸，而另一隻手則按在下腹。由於在懷孕初期子宮會變大，子宮頸及子宮下端會變柔軟，因此，在受孕後兩星期內作陰道檢查的準確性高達100%。雖然在檢查時，懷孕婦女會有少許不舒服，但不用太擔心，胎兒是不會因此受到影響的。

“產前檢查”

確診懷孕後，孕婦必須做產前檢查。

定期產檢

孕婦必須定期做產前檢查，以明白胎兒的發育情形及身體有無異常狀況。懷孕二十八週前每四週檢查一次，二十八週以後每二週檢查一次，三十六週以後則每週一次。孕婦千萬不要以為自己身體狀況沒有異常就不去做檢查，因為，定期的產前檢查才能及早發現異常，確保母體與腹中胎兒的健康。

蛋白尿檢查

婦女懷孕時會加重身體腎臟的負擔，占孕婦死亡率第一位的妊娠毒血症，其症狀之一就是蛋白尿。有些孕婦儘管沒有任何自覺症狀，卻已罹患妊娠毒血症。因此，曾經罹患過腎臟疾病，或有過妊娠毒血症病史的孕婦需特別注意。

糖尿檢查

懷孕期容易出現糖尿，所以即使無糖尿病的孕婦，其化驗結果有時也會呈陽。只要是懷孕時的假性糖尿，就不必擔心；但若是真的糖尿病，則對懷孕有很大的影響。如果兩次以上的檢查結果都是陽性時，則需進一步的詳細檢查（血糖檢查和糖負荷試驗）。

進行血液檢查，以防新生兒罹患黃疸和先天性梅毒

血型檢查

檢查孕婦血型，是為孕期及分娩時，萬一大出血而要即時輸血時做準備；對於診斷、治療，因血型不合而引起的新生兒黃疸檢查也非常必要。

貧血的檢查

檢查血液中的血紅素（血紅蛋白），若太低則需要進一步了解血清中鐵的含量。若孕婦的血紅素過低時，對胎兒發育也會有影響。

梅毒的血清檢查

有時孕婦即使罹患梅毒，也可能是潛伏期而毫無任何症狀，孕婦本身也未必知道。如果在這種情況下繼續懷孕，就會出現流產、早產、死胎，或產下先天性梅毒兒。如果在梅毒病原體侵入胎盤之前給予治療，可以防止胎兒感染。因此，婦女在得知自己懷孕後，就必須馬上到醫院做血清檢查。

德國痲疹

調查對德國痲疹有無免疫。婦女懷孕初期罹患德國痲疹時，會導致胎兒的視力、聽力障礙，以及心臟病的發病率都相當高。

B型肝炎

檢查B型肝炎病毒檢查抗原是否為陽 。這個病毒是引起肝癌和肝硬化的主要病因，有可能會通過母體直接感染胎兒。

身高、體重的測量

身高、體重是掌握孕期變化的基準，有著重要的意義。尤其是體重，可根據孕婦體重的增加，掌握胎兒的發育情況。

血壓測量

和了解體重一樣，掌握平時血壓的數據，可作為日後產檢的基準。血壓過高或過低都會出現各種症狀。

骨盆外測量

根據骨盆和大轉子的間距來測量產道的寬度和形狀；再根據診斷測得的直徑來判斷骨盆是否狹窄或變形。

雙胞胎知識站

根據統計，大約有八十分之一的孕婦會產下雙胞胎，又稱「孿生」。如果孕婦的家族中有雙胞胎的話，會產下雙胞胎的機率就比家族中沒有雙胞胎的大。雙胞胎的形成與受孕情形，又可分為異卵雙生、同卵雙生兩種。

* 異卵雙生　就是由兩個獨立的卵子分別和兩個精子受精；這種受精的機率比同卵雙生多了三倍。異卵雙生各有一個胎盤，別可以相同也可以不同，兩人之間並不比其他同卵單生的兄弟姐妹更為相似。

* 同卵雙生　就是一個卵子受精後分裂為相同的兩個受精卵後，兩者分別發育成兩個相同的嬰兒。雙胞胎共用一個胎盤，性別一定相同，身體特徵和遺傳性狀也相同。

血型知識站

人類有許多種血型系統。其分類除了A、B、O血型外，還有RH、MN等血型。本書主要討論與懷孕、分娩和手術時有關的A、B、O血型系統。

血型一般分為A、B、O、AB型四種。遺傳因子分為A、B、O三種。遺傳因子必定是每兩個為一對，有可能產生的血型如下表所示。

父＼母	A (AA・AO)	B (BB・BO)	O (OO)	AB (AB)
A (AA・AO)	AO	A・B・O・AB	A・O	A・B・AB
B (BB・BO)	A・B・O・AB	B・O	B・O	A・B・AB
O (OO)	A・O	B・O	O	A・B
AB (AB)	A・B・AB	A・B・AB	A・B	A・B・AB

例如：A型與B型的人中，有AA、AO、BO、AB的人。所以，如果父母是A型（AO）和B型（BO）血時，也能生出O型的嬰兒。

另外，因RH血型不合引起的異常則很少。而A、B、O血型有時也可能出現血型不合。O型的女性與O型以外的男性結合懷孕後，就有可能引起異常。但事實上，嬰兒因血型與母親不合而出現症狀（黃疸）的機率極少。

“預產期的推算”

在婦女確定懷孕後，即可由醫生幫妳推算出預產期。醫生會告訴妳預產期是某月某日；大部分人會把預產期誤解為一定是在那一天才能分娩。但是，預產期只是一個大概的推算時間，卻絕不是一個一定會生產的時間。

預產期的計算方法是懷孕前最後一次月經來的第一天加上二八十天（四十週）。但實際上，懷孕是從受精卵著床後才開始的。這裡所說的二八十天含有未懷孕的天數，所以說，月經規律的人和不規律的人就有了差別。

正確理解預產期的方法應該是：在預產期前二週至後二週，這四週的時間內生產，在醫學上稱為足月產；懷孕三十七週之前生則稱為早產，四十二週以上者稱為過期產。

為什麼預產期如此重要呢？因為預產期確定

後，醫生就可以了解孕婦目前的懷孕週數，掌握胎兒發育是否正常，以便於進行不同時期的診斷。對於孕婦來說，可以做好產前心理及其他方面的準備。

預產期的計算方法有以下幾種：

根據最後一次月經的計算方法

這方法又稱為內格累氏概算法。因為計算簡便，一直被廣泛地採用。其計算方法是：

將最後一次月經的月份加九或減三為預產期月份數；最後一次月經的天數加七即為預產期日。這個方法只是概算，與實際的預產期會有誤差，不必認真挑剔。

例如：最後一次月經為十月三日時，預產期就是隔年的七月十日。

例如：最後一次月經為二月十一日時，預產期就為十一月十八日。

使用懷孕日曆

使用懷孕日曆（一種圓筒或圓盤狀的器具），可算出預產期。將懷孕前最後一次月經的第一天對準懷孕日曆盤上的刻度，即可顯示出目前的懷孕週數和預產期。此方法與內格累氏概算法誤差約一至二天。這種日曆主要是醫生和產科護士使用，並將正確的預產期通知孕婦。

根據基礎體溫曲線計算

將基礎體溫曲線上低溫的最後一天作為排卵日，加上三十八週，即可算出預產期。

以上方法都可以計算出預產期，但是如果最後一次月經記不清楚或在月經到來之前就已懷孕的，預產期又該如何計算呢？

根據胎動來計算

胎動，是指胎兒在腹中的活動。孕婦通常在懷孕十九到二十週才能感覺到胎，將胎動的當天加上二十週即為預產期。若孕婦比較早感到胎動，就要加上二十二週。但是這種方法不太準確。

根據子宮底的高度計算

到了懷孕中期，可以根據子宮底的高度判斷出大概的預產期。子宮底高度是從恥骨聯合上緣至子宮底最上端的距離。滿五個月時的位置約在肚臍；正常的子宮底在懷孕滿六個月時為二十公分；滿七個月時增加四公分，為二十四公分；滿八個月時再增加四公分，為二十八公分。相反的，如果往前推算，滿五個月則減少四公分，為十六公分。

根據子宮大小計算

根據內診觀察子宮大小，可以推算出大約的預產期。正常情況下，懷孕七週時，子宮像鵝卵般大小；十一週時，像拳頭；十五週時，則像小孩的頭一般大。

月份的表示法	週期的表示法	
	妊娠滿0週	0至6
妊娠第一月	1	7至13
	2	14至20
	3	21至27
妊娠第二月	4	28至34
	5	35至41
	6	42至48
妊娠第三月	7	49至55
	8	56～
	9	
	10	
	11	
妊娠第四月	12	
	13	
	14	
	15	
妊娠第五月	16	
	17	
	18	
	19	
妊娠第六月	20	
	21	
	22	
	23	
妊娠第七月	24	早產
	25	
	26	
	27	
妊娠第八月	28	
	29	
	30	
	31	
妊娠第九月	32	
	33	
	34	
	35	
妊娠第十月	36	
	37	預產期
	38	
	39	
	40	過產期
	41	
	42	
	43	
	44	

末次月經　下一次月經時間

懷孕週數的計算方法：

就是以最後一次月經的第一天為準，每四週為一個月，到第二八十天時正好是十個月，懷孕期滿分娩。

不過，兩個孕婦同樣懷說自己孕五個月，但是，月初與月末就相差二十八天。在醫學上，這是很大的誤差。因此，世界衛生組織（ＷＨＯ）建議，規定從一九七九年起，使用「滿週數」來表示懷孕期。為了除去所含未受孕的天數，將第一週訂為零週。

懷孕日程表

受孕至懷孕四週

- **排卵** 在月經周期的第十四天前後，一個成熟的卵子從一側卵巢釋放出來，並有受精的可能。卵子被輸卵管末端的輸卵管繖部抓住並收入輸卵管內，卵子可以存活二十四小時，如果在這段時間內沒有受精，它就會在下一次月經時和子宮內膜一起從陰道排出。
- **行房** 在性高潮時，男子可射出二至四億個精子進入女子的陰道。許多精子又從陰道溢出，或在射精過程中損失掉；但是，有些精子會游動穿過子宮頸分泌的粘液，再穿過子宮腔進入輸卵管，精子可以存活四十八小時。

- **受精** 精子攜帶一種可以溶解卵子外層覆蓋物的物質，所以它可以穿透過卵子。當一個精子進入卵子後，其餘的精子就不能再進入了。這時，這個進入卵子的精子會失去尾部，並且頭部開始膨大，它與卵子融合在一起形成一個單一的細胞，稱為受精卵。
- **細胞分裂** 受精後的受精卵幾乎在受精的同時就開始細胞分裂，在沿著輸卵管向子宮腔移 的同時，它分裂成為越來越多的細胞。
- **到達子宮** 受精後大約第四天，卵子到達子宮腔，它發育成一個中央是空的細胞球，充滿了液體，但是它終究還是太小了，肉眼看不見它。在以後的幾天裡，它就漂浮在子宮腔內。
- **著床** 受精卵大約在受精後一週（最終月經算起）開始將自己植入又軟又厚的子宮內膜裡，來自胚胎外層細胞的海綿樣指狀突起物開始進入子宮內膜裡，並與母體的血管連接起來，這時稱為著床；以後便形成所謂的胎盤。當受精卵牢固地貼附在子宮內膜上時，受孕才算完成。臍帶以及保護胎兒的各層膜也是由其中一些細胞發育而成。內層的細胞則分裂為三層，它們分別發育成嬰兒身體的各個部分。

懷孕第一個月

第一至四週

胎兒的發育與成長

・此時還不能稱為胎兒，應該稱為胚胎。
・胚胎大小，在第三週後期長約不到〇．五公分，體重還不到一公克。
・肉眼已可看出外形，還無法明顯區分頭部和身體，且長有鰓弓和尾巴。
・原始的胎盤及胎膜（亦稱絨毛膜）於此時形成。

母體的變化

・子宮的大小與未懷孕時相同。
・實際上，受精卵形成的一週之內還不能稱為懷孕，通常在兩週以後，孕婦呈現懷孕跡象。有些人會有發寒、發熱、慵懶睏倦及難以成眠的症狀，有時還會誤以為是感冒呢！

日常生活的注意事項

・不要亂服成藥。懷孕初期可能會出現類似感冒的症狀，而孕婦自己渾然不覺已經懷孕了，以致誤食藥物，最安全的辦法是去看醫生，找出病因。
・不要隨意做X光照射。
・不要勉強自己做劇烈的運動及出門旅行，以免造成意外流產。

該準備的事項

・多準備一些能緩和孕吐的食物，如酸梅、水果。

懷孕第二個月

第五至八週

胎兒的發育與成長

- 胚胎漂浮在充滿液體的囊中，有簡單的腦、脊柱中樞神經系統。
- 頭部出現四個淺窩，它們以後成為兩眼及兩耳。
- 胚胎開始有消化系統、口及頸的皺形；胃及胸部正在發育。心臟在胸的前部，可看到一個大的膨出，在六週末開始搏動；血管系統正在形成；四個纖細的肢芽已發育，將成長為四肢。
- 胚胎長約二．五公分，體重約四公克。絨毛膜更發達，胎盤形成，臍帶出現。

母體的變化

- 體溫呈現高溫狀態，將持續十四至十九天為止。
- 身體慵懶發熱，乳房發脹、乳頭時有陣痛、心情煩躁、感到噁心，並有孕吐情形。這些都是初期特有的現象，不需過於擔憂。

日常生活的注意事項

- 這個時期非常容易流產，應避免搬運重物、激烈運動。不可過度勞累，多休息、睡眠要充足。
- 此時是胎兒形成腦及內臟的重要時期，不可接受X光檢查。

應該準備的事項

- 仔細選擇婦產科醫院和醫生。

懷孕第三個月

第九至十二週

胎兒的發育與成長

- 此時的胚胎可以正式稱為「胎兒」了，所有的主要內臟器官均已發育，但它們的外形還顯得簡單，尚未固定在最後的位置。
- 頭大，彎向胸部，臉部正在形成，雖然兩眼在頭的兩側，但仍是閉著的。蓋在兩眼上面的皮膚，皮下可見黑色素。
- 可以清楚地看到上、下肢，在其末端有裂痕，以後這些變成手指和腳趾。
- 心臟開始運轉使血液在胚胎的體內循環；嬰兒神經系統的輪廓已接近完成；骨細胞開始發育；胚胎有兩肺、腸、肝、兩腎，以及內生殖器官，但均尚未完全形成，羊水會充滿在胎兒周圍。

・胚胎長約七・五至九公分，體重約二十公克。

母體的變化

・這個月是害喜最嚴重的時期，同時，胸部會有悶熱等症狀出現。

・腹部仍不算太大，子宮已如拳頭般大小，會直接壓迫膀胱，造成頻尿現象；分泌物也增加，容易造成便秘。

日常生活的注意事項

・此時也容易流產，上下樓梯要平穩，尤其應隨時注意腹部不要受到壓迫。

・為預防便秘，最好養成每天定時上廁所的習慣；下腹部不可受寒，注意隨時保暖；不熬夜，保持規律的生活。應該每天淋浴，以保持身體清潔。

・如果發生下腹疼痛或稍許出血時，可能是流產的徵兆，應該立刻去醫院求診。

應該準備的事項

・至少應在這個階段之前接受第一次的產前檢查，之後每四週做一次定期產檢。

懷孕第四個月

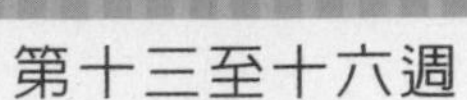

胎兒的發育與成長

- 所有內臟器官均已形成，並且大部分正在工作，因而大大減少了感染或藥物造成損害的可能。
- 眼瞼已發育並且緊閉著，胎兒有了耳垂，已形成有手指及腳趾的肢體，纖小的手指甲及腳趾甲正在生長。
- 肌肉正在發育，所以胎兒活動更多了。腳趾能屈能伸：手指會握拳；皮膚開始長出胎毛；可用超音波聽診器測出心音。
- 可活動肌肉、皺眉、噘嘴，以及張開口；能吸吮、吞嚥周圍的液體，還能排尿。
- 胎兒身長約十六公分，體重約一二〇公克。

母體的變化

- 所有害喜的感覺和現象，現在都應該開始消失。
- 妳可能發現，自己已經不像懷孕開始幾週時那樣頻尿了。
- 由於荷爾蒙的改變，妳可能容易激動，一點小事就會使妳心煩意亂。
- 可能會出現便秘，因為懷孕期間大便進入直腸較慢；體內循環的血量增加，所以肺、腎以及心臟的負擔加重。

• 乳房有沉重感，並可能較以前柔軟。
• 腹部形態和未懷孕時一樣。

日常生活的注意事項

• 此時乃胎盤完成的重要時期，每天必須淋浴，並且勤換內衣褲。
• 此時有可能出現妊娠貧血症，因此對鐵質的吸收尤其重要。

應該準備的事項

• 檢查一下，妳所吃的應是由新鮮食物製成、多樣化的飲食。
• 大量喝水，飲食中應包括高纖維素的食物，以防便秘。
• 和牙科醫生預約，為妳檢查牙齒。
• 告知主管妳已懷孕，以便請假去做產前檢查。
• 去婦產科產前門診，規律作產前檢查。
• 向婦產科門診醫生詢問，懷孕期間在醫療或用藥問題上有哪些需要注意的事項。
• 如果你想運動，可適量做些產前運動。

懷孕第五個月

第十七至二十週

胎兒的發育與成長

- 頭的大小約為身長的三分之一，開始長頭髮與指甲。
- 雙臂及兩腿的關節已經形成，硬骨開始發育，手、足運動更活潑。
- 眉毛和睫毛正在生長，在胎兒的臉部以及身體上長出纖細的絨毛，稱為胎毛。
- 胎兒的皮薄而透明，能看到皮下的血管網。
- 對於確定性別來說，胎兒的性器官已足夠成熟，但這時做超音波還未必一定能看得出胎兒性別。
- 胎兒用胸部做呼吸動作；他能吸吮自己的拇指。

母體的變化

- 母體開始感覺到胎動，肚子已大得使人一看便知道是一個標準的孕婦了。
- 不適感逐漸消失，妳的感覺應該比過去好了很多。
- 興奮及愉快的感覺將不斷增加。
- 可能出現皮膚顏色變暗，腹部中央向下出現一條黑線。這些在分娩後不久即會消褪。
- 隨著胎兒的生長，妳的食欲也會增加。
- 妳原來的衣服可能太緊，應該儘快準備好孕婦裝。

- 隨著皮膚的色素沉澱，痣和雀斑的顏色加深。
- 乳房大小如常，但在以後的幾週內，會發現乳房在不斷的增大。

日常生活的注意事項

- 注意腹部的保溫，並預防腹部鬆弛，最好使用束腹、腹帶或腹部防護套。

應準備的事項

- 嬰兒用品和生產時的必要用品，應該列清單並開始準備。
- 牙齒要治療的地方，必須立刻著手治療，平時應多注意口腔衛生。
- 此時是懷孕期間最穩定的時期，如果有旅行或搬家的計畫，最好是利用這段期間完成。

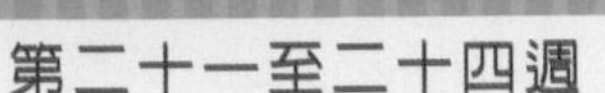

懷孕第六個月

第二十一至二十四週

胎兒的發育與成長

- 胎兒的頭上長出了頭髮；牙齒正在發育；眉毛及睫毛開始長出，很瘦，全身都是皺紋；臉形更清晰，已十足是人的模樣。
- 胎脂形成，它是白色油膩狀物質，在子宮內保護胎兒的皮膚。
- 胎兒的上肢、下肢，已發育良好。
- 胃腸會吸收羊水，腎臟排泄尿液。
- 胎兒身長約三十公分，體重約六百至七五〇公克。

母體的變化

- 肚子越來越脹大、凸出，體重日益增加，腰部變得更沉重，平時的動作也較為吃力、遲緩。
- 乳房的發育更為旺盛，不但外形飽滿，而且用力擠壓時可能開始會有帶黃色的稀薄乳汁（初乳）流出；乳頭在懷孕期顏色變得更深。
- 妳可能會出現懷孕期常見的病症，例如：牙齦出血、陰道分泌物增多等等。由於關節及韌帶的鬆弛，妳更可能會出現背痛和其他疼痛的症狀。

日常生活的注意事項

• 孕婦肚子變大凸出後，身體的重心也隨之改變，走路較不平穩，並且容易疲倦，應特別留意安全。

• 多散散步或做適度的體操動動筋骨，近距離的旅行與性生活不必刻意避免。

• 飲食上應均衡攝取各類養分，以維持母體與胎兒的健康，尤其是鐵、鈣和蛋白質的需要量應該增加，但鹽分必須節制。

• 這段時期容易便秘，應該常吃富含纖維素的蔬菜。便秘嚴重時，最好請教醫師應該如何改善。

• 避免背部疲勞，可穿平底鞋。

應準備的事項

• 為了產後授乳的順利，此時應該注意乳頭的護理問題。尤其是有扁平乳頭與凹陷乳頭的孕婦，可嘗試矯正。

• 夫婦應共同閱讀、討論有關育嬰方面的書籍及知識，準備迎接新生嬰兒的誕生。

懷孕第七個月

第二十五至二十八週

胎兒的發育與成長

- 尚無脂肪沉積，所以胎兒仍然瘦小。
- 上下眼瞼已形成，鼻孔開通、容貌可辨，但皮下脂肪仍不充足，皮膚呈現暗紅色，並且有許多皺紋。
- 腦部開始發達，並可控制身體的動作。
- 上肢和下肢的肌肉已發育良好，胎兒經常試用它們。
- 胎兒會咳嗽及打嗝，他打嗝時妳會感到像敲打的動作。
- 男胎的睪丸尚未降至陰囊內；女胎的大陰唇也尚未發育成熟。
- 胎兒對母體外生活的適應能力，還沒完全具備，若在此時出生，往往會因為早產而發育不良或死亡。
- 胎兒身長約三十六至四十公分，體重約一千至一千二公克。

母體的變化

- 子宮的肌肉對各種刺激開始敏感，胎動也漸漸頻繁，偶爾會有收縮現象，乳房更加脹大。
- 上腹部也已明顯凸出、脹大。腹部向前突出，並且常會有腰痠背痛的感覺。

- 通常這是懷孕期間最舒服的月份，妳看起來健康、自我感覺愉快並且滿足。如果妳的體重增加得不算很快，這個月就會增加許多，這是很常見的。
- 因為妳時常感到發熱，所以必須大量飲水，避免飲用非天然製造的飲料。

日常生活的注意事項

- 由於大腹便便，身體會重心不穩，眼睛無法看到腳部，特別在上下樓梯時必須十分小心。
- 這段期間，母體若受到外界過度的刺激會有早產的危險。
- 長時間站立、壓迫下半身，很容易造成靜脈曲張或腳部浮腫，時常把腳抬高休息，比較能避免這些毛病；若出現靜脈曲張，應穿著彈性襪來減輕症狀。

應準備的事項

- 在此時期出生的胎兒幾乎是發育不全的早產兒，為防萬一，住院用品應及早準備齊全。
- 孕婦生產後的幾星期內，往往需要調養身體，可能沒有時間去整理頭髮，所以可以趁這段身體狀況不錯的時候，到美容院整理一個比較清爽的髮型。
- 嬰兒床、嬰兒用品等相關事宜，都應準備妥當。

懷孕第八個月

第二十九至三十二週

胎兒的發育與成長

- 胎兒的皮膚色紅且多皺紋，在皮膚下面已開始有脂肪聚積。
- 神經系統開始發達，對體外強烈的聲音會有所反應。胎兒的動作會更活潑、力量更大，甚至有時會用力踢母親的腹部。
- 此時胎兒的頭部應該朝下，才算是正常的胎位。
- 大腦的思維部分快速發育，大腦本身增大並且變得比較複雜了。八個月的胎兒已能感到疼痛，在反應方面已經與足月胎兒大致一樣。
- 如果妳把手放在腹部，可以感覺到胎兒的活動，當胎兒踢腳或轉動時，甚至可以看到他的腳及臀部的形狀。
- 胎兒已具備生活於子宮外的能力，但孕婦仍須特別小心。
- 胎兒身長約四十一至四十四公分，體重約一千六百至一千八百公克。

母體的變化

- 腹部皮膚緊繃，皮下組織出現斷裂現象，紫紅色的妊娠紋處處可見。
- 下腹部、乳頭四周及外陰部等處的皮膚，因黑色素沈澱而呈現淤黑狀，妊娠性褐斑也會非常明顯。

- 心、肺受到壓迫，有時會感到呼吸困難；胃部也會受到擠壓，因而易食欲不振。
- 妳可能會做一些有關分娩和嬰兒的夢，這是很正常的。睡得不舒服或胎兒的活動都會使妳作夢，這不意味著胎兒有任何不妥。
- 體重主要增加在臀部、大腿及腹部。

日常生活的注意事項

- 這時期容易發生妊娠毒血症。如果在早晨醒來時，浮腫未退，就應該儘快到醫院作檢查。
- 妊娠毒血症雖然可怕，但只要及早發現、及時治療，應無大礙，定期產前檢查最好改為兩週一次。
- 從現在起直到九個月，每二週做一次產前檢查。
- 節制水分與鹽分的攝取量。此外，嚴防感染流行性感冒。

應該準備的事項

- 開始準備生產，練習分娩時的呼吸法、按摩、壓迫法，以及用力方法等生產的輔助運動。

懷孕第九個月

第三十二至三十六週

胎兒的發育與成長

- 雖然在兩肩、上肢及下肢部位仍被覆著少量胎毛，但大部分已消失了；出現嬰兒般的臉部，而指甲也長至指尖處。
- 胎兒的皮膚表面可能覆蓋有胎脂，或只在皮膚皺褶處存有極少量的胎脂。
- 一種稱為胎便的黑色物質聚集在胎兒的腸道內，出生後將在其第一次大便中排出。
- 完整的皮下脂肪，身體圓滾滾相當可愛。
- 胎兒身長約四十七至四十八公分，體重約二千四百至二千七百公克。

母體的變化

- 肚子越變越大，導致胃、肺與心臟備受壓迫，所以會感覺心口悶熱、不想進食，心跳、氣喘加劇，並且呼吸困難。
- 有時腹部會發硬、緊張，此時應採取平躺的休息方法。分泌物增加，排尿次數也增多，而且尿後仍會有尿意。
- 妳做每一個動作看起來都很費力。妳會感到下腹部有沉重感。
- 子宮頸為準備分娩而變軟。子宮收縮可能會很明顯，使妳認為就要臨盆了，但收縮並不規律。

- 腹部皮膚有拉緊的感覺，並且有搔癢感。
- 腹部膨出得很大，使妳睡在床上也不舒服，妳的腿會感到發麻。

日常生活的注意事項

- 吃飯時，不要一次吃得太多，以少量多餐為佳，並攝取易消化且營養成分高的食物。
- 盡可能地多休息，再享受最後幾天沒有嬰兒的清閒日子。
- 胎兒一天內至少活動十次，如果妳感覺不到，就要醫生或產科護士檢查一下胎兒的心跳。
- 如果子宮收縮很明顯，就要做呼吸技巧練習。
- 嬰兒如果不能在預定的日期內出生，不必擔心；嬰兒比預產期提前或延遲兩週出生，是完全正常的。

應該準備的事項

- 準備住院之前，應仔細檢查生產用品，避免遺漏任何物品。

懷孕第十個月

第三十七至四十週

胎兒的發育與成長

- 骨骼結實、頭蓋骨變硬，指甲越過指尖繼續向外生長，頭髮約長出二、三公分。
- 內臟、肌肉、神經等非常發達，已完全具有生活在子宮外的能力。
- 胎兒頭部在正常的狀況下是下降在母體骨盆之內，活動力較受限制。
- 胎兒身長約五十至五十一公分，體重約二千九百至三千四百公克。

母體的變化

- 胃及心臟的壓迫感減輕，食欲也日漸恢復正常，胎兒位置向下降，膀胱及大腸的壓迫感卻大為增強，頻尿、便秘的情形更加嚴重。
- 子宮和陰道趨於軟化，容易伸縮，分泌物增加，以方便胎兒通過產道。而且子宮收縮頻繁，開始出現生產的徵兆。

日常生活的注意事項

- 因為隨都有可能破水、落紅，而產生陣痛，所以應該避免獨自外出、出遠門或長時間在外。
- 適當的運動仍不可缺少，但不可過度，以免消耗太多精力而妨礙生產。
- 營養、睡眠和休養也必須充足。

• 保持身體清潔，內衣褲應時常更換。若發生破水或落紅等生產徵兆，可能不方便入浴，所以在此之前最好每天勤於淋浴。

應該準備的事項

• 應了解分娩和產褥期的相關知識。生產開始時不需要慌張，只要遵從醫師指示即可。

PART 2 懷孕保健

為了能健康順利、
心情舒暢地度過懷孕期。

"懷孕期間應避免的食物"

平常所吃的飲食中，有害於身體的物質和營養物，也會從食物中經過胎盤進入胎兒體內。

加工過的食物

不吃經過過度加工過的食品，例如：罐頭類食物及各類加工包裝的食物。加工過的食品常常加入糖和鹽，並含有大量脂肪，還有不必要的防腐劑、香料及色素。購買前應仔細地檢查包裝上的標示，選擇那些沒有人工添加物的食物，或這些化學物含量非常低的產品。

烹調的冷凍食品

不買事先烹調過在超級市場販賣的肉類，以及不吃冷凍的熟家禽（除非是保持滾燙的）食品。這些食物中可能含有會傳入胎兒體內的細菌，易對胎兒的生命造成危險。

幾種替代酒類的飲料

懷孕期內，飲用任何含酒精的飲料，通常會通過胎盤進入胎兒的血液，並可能造成損害。最好不喝所有含酒精的飲料，妳還可以自己配製新鮮的果汁，及有汽的礦泉水加果汁的飲料。

甚至那些聲稱含酒精極低的啤酒、淡啤酒及葡萄酒，也不要喝，因為可能含有有害的添加劑和其他的化學物質；有些飲料中這類物質的含量很高，它們對於胎兒的健康可能造成的影響，難以估計。

咖啡、茶及熱的巧克力

在所有這些飲料中都有咖啡因，對消化系統有損害。妳要少喝含有咖啡因的各種飲料，每天不得超過三杯，最好能夠完全不喝，代之以大量的礦泉水。

糖

含糖食物例如糕點、餅乾、果醬、發泡飲料等，並不是基本的營養物，但卻會造成妳體重超重。

應從含澱粉的碳水化合物中獲取能量，如全麥麵包之類。最好戒除吃甜食的習慣。

特別想吃某種食物

在懷孕期間，常會有突然對某些食物產生興趣的現象，如果妳很想吃某種特別的食物，那就盡量吃吧！偶爾享受一下也無妨，切記不要吃得太多。

一般來說，食物加工、烹調得越少，其營養價值越高，因此，妳應該盡量選擇新鮮的、未經加工過的營養食品。當妳排定飲食計畫時應記住下面幾點：

- 麥粉產品和其他任何含有添加糖分的食品其營養極低，只有大量的卡路里。
- 甜而有泡沫的飲料，例如：汽水，含有「無意義的」卡路里和令人不快的添加劑。
- 濃咖啡和濃茶對消化系統有不利的影響；進餐時喝下的茶中所含的鞣酸（亦稱「單寧酸」）會使食品中的鐵質難以吸收。大量的咖啡因和鞣酸也對胎兒有害。
- 如果你吃過量加工的高鹽食品、炸薯片或鹹魚，你將難以測定鈉的攝取量。
- 蔬菜類食品，如果不新鮮，其營養價值將會降低。

・某些霉菌會產生有毒物質，最好避免食用那些看起來變壞的脫水食物。只將發霉的部分去掉是不夠的，因為有害的物質可以滲入更深，並且不會在烹飪中受到破壞。

該吃什麼？

妳的食欲會增加，到了第三個月妳可能常會感到飢餓，這是妳和胎兒需要攝取足夠食物的本能反應，這並不意味著妳能「吃兩份」。當妳的新陳代謝加速時，吃得較多是很正常的。但是，妳的能量需求僅僅增加了大約十五％，也就是說，每天再增加五百大卡就足夠了。

要使妳吃下的每一口食物都有益於妳和胎兒。如果在懷孕前妳的健康狀況良好、吃得好，妳就能順利捱過任何害喜時期。

隨著孕期的發展試著少量多餐，因為少量而經常的進食總是更易於消化。在懷孕期間腸的收縮（蠕動）較慢，因此胃部排空更慢，每次進食都不要過多。在懷孕最後三個月裡，發育中的胎兒向上推壓胃部，使胃的容量縮小，因此每次少量的進食更容易適應，也更能使妳感到舒適。

危險的物質

當妳全神貫注於選擇妳該吃什麼食物的同時，必須要防止那些可能給胎兒帶來不好影響的物質。

吸煙

- 從香煙中吸進的化學物質會直接影響胎兒的發育。
- 吸煙者血液中的一氧化碳含量很高。無論孕婦體內的含量如何，一氧化碳都會集中到胎兒的血液中。一氧化碳是一種毒素，它會使血液能攜帶的氧量減少。胎兒血液中的一氧化碳越多，出生時體重就越輕。吸煙者的嬰兒早產率，幾乎數倍於非吸煙者。
- 研究顯示，吸煙者的孩子更容易患有所有類型的先天畸形，特別是顎裂、兔唇和中樞神經系統異常。
- 吸煙者要冒幾乎兩倍的流產（小產、死產）風險。
- 在母親吸煙的嬰兒群中，新生嬰兒死亡更為常見。那些懷孕四個月後仍繼續吸煙的孕婦，其嬰兒在出生後第一週內死亡的可能，幾乎上升三分之一。

儘管吸煙被認為是有害的，但是一般的標準是一天十支香煙，如果在這一標準以下的吸煙者，其嬰兒死亡率便較低。在懷孕二十週之前減少吸香煙的支數或停止吸煙的婦女，其所生嬰兒的出生體重可接近於非吸煙者的嬰兒，但仍然有先天性異常的危險，這是由早期階段或甚至懷孕前吸煙所引起的。與吸煙者生活在一起，或經常處於二手煙環境下的婦女，即使他們從不吸煙，也會有危險。父親吸煙很厲害，其新生嬰兒有雙倍可能產生畸形的機率。

酒精飲料

酒精在一定程度上會嚴重損害發育中的胎兒。孕婦喝下飲料中的一些酒精會進入胎兒的血液。在懷孕六至十二週的關鍵期內危害最大。

懷孕期間談不上酒精消耗的安全水準。如果妳每天喝兩次以上的酒，那麼就有十分之一的胎兒會罹患「胎兒酒精症候群」（FAS），這將導致如顎裂、兔唇等臉部異常現象，以及心臟缺損、肢體發育異常、智力低於平均水準（智力低下）等。

一些研究顯示，一天的飲用量低於兩杯，對胎兒的影響沒那麼嚴重。然而，即使一天只喝一次，也會使生下的嬰兒身長偏小的風險增加一倍。飲酒量為此數量一半的婦女，其嬰兒的體長一般都比預期的短小。人們開始認識到，很少量的酒精攝取也能對胎兒的身心產生錯綜的影響。目前，既然還沒有製定出任何對胎兒的酒精安全標準，那麼，婦女一旦決定了要懷孕，似乎還是完全不要喝酒比較好。

藥物

眾所皆知，某些藥物能影響胎兒的發育，特別是在懷孕六至十二週之間，當胎兒最重要的器官形成的敏感期。因此，若無醫生指示，不要服用任何的藥物，包括阿斯匹靈。

“懷孕時期的基本營養物品”

鈣質

鈣質在胎兒骨骼及牙齒的健康發育上是很重要的。大約懷孕八週左右，胎兒骨骼和牙齒開始發育；妳將需要兩倍於正常時鈣質攝取量。

鈣質的來源有牛奶、酸乳酪及多葉的綠色蔬菜。奶製品的脂肪含量也很高，如有可能就選擇低脂肪的品種，例如：低脂牛奶。含鈣質的食物主要有魚類、白麵包、肉骨湯、燒排骨、豆腐、低脂牛奶等。

蛋白質

因為懷孕期間妳所需要的蛋白質分量會增加，所以設法吃一些富含蛋白質的食物。魚、肉、堅果、穀類，以及含奶食品都可以提供蛋白質，但是動物性來源可能脂肪含量也高，所以要限制這類食物的攝取量，並且在任何情況下都要盡量選擇瘦肉。

鐵質

懷孕期間，鐵質的需要量更增加。為了出生後的需要，胎兒體內要先有鐵的貯藏，並且妳身體產生的額外血液也需要鐵質以製造血紅蛋白，後者能夠攜帶氧氣。來自於動物的鐵質比來自植物如豆類和乾果類的鐵質更容易被吸收。如果妳不吃肉，那麼就把富含鐵質的食物與富含維生素C的食物合起來吃，這樣會得到最大限度的吸收。含鐵質的食物源有瘦肉、金槍魚、肝、菠菜。

纖維素

在妳日常的飲食中，纖維素應該占較大比例。便秘在懷孕期是常見的症狀，而纖維素有助於防止這個症狀的發生。水果和蔬菜是纖維素的重要來源，妳每天都可以吃到許多這類食物。不要過分依靠麥糠類食品去攝取纖維素，因為會妨礙吸收其他營養物，可以多吃其他富含纖維素的食品。含纖維素的食物主要有糙米、全麥麵包、葡萄乾、乾杏、各類果仁、碗豆、全麥麵食。

維生素A

對於孕婦，維生素A的需要量比平時多一倍多。維生素A有保護皮膚、粘膜，增強對細菌的抵抗力作用。

如果維生素A不足，胎兒骨骼會發育不良，容易患夜盲症，甚至造成流產。

在動物性食物中，像鱔魚，豬、牛、雞的肝臟、蛋黃、牛奶、乾酪等，都含有很豐富的維生素A；植物性食物如胡蘿蔔、南瓜、菠菜、甜椒、柑桔、番茄等，也都含有豐富的維生素A。

維生素B_1

孕婦對維生素B_1的需要量也是平時的三倍左右。維生素不足，孕婦會出現浮腫、腳氣、食欲不振、便秘、心臟肥大、呼吸困難等症狀，會造成早產、死胎，或胎兒雖生下，但很虛弱難以存活。

維生素B_1不足還會造成孕婦的分娩時間較長，或在分娩時出現心臟方面的問題。產後奶水不足的原因之一，也是維生素B_1不足。

含維生素B_1比較豐富的食物有牛、豬、雞肝、蛋黃、大豆、花生、豆芽、白菜綠葉、蘆筍、紫菜等。

維生素B_2

維生素B_2是使身體生存和發育，及正常運轉不可缺少的物質。

如果維生素B_2不足，容易引起妊娠毒血症、口腔炎、角膜炎、皮膚病、胎兒發育不良。含維生素B_2較豐富的食物有：豬、牛的肝、魚、牛奶、香蕉、胡蘿蔔葉、芹菜和海藻類。

維生素B_6

維生素B_6在人體內對脂肪代謝、蛋白質代謝有重要作用。

維生素B^6若不足，也容易引起皮膚病、嘔吐、妊娠毒血症等。豬肉、牛肉、魚、蛋、大麥、小麥、大豆、螃蟹、柿子……都是含有豐富的維生素B_6的食物。

維生素C

維生素C有助於構成一個強健的胎盤，使胎兒能抵禦感染，並幫助鐵質的吸收。新鮮的水果和蔬菜中含有維生素C。維生素類需要每天提供，因為它不能在體內儲存。長期貯藏以及烹調會失去大量的維生素C，所以最好吃新鮮產品，蔬菜可以蒸吃或生吃。

維生素C能夠不斷促進胎兒骨骼生長，促進結締組織、造血器官的生長。腎臟、卵巢、胎盤等組織，貯藏有較充足的維生素C時，能夠良好地維持激素的分泌機能。

維生素C不足，維持懷孕的激素分泌不充分，就會造成胎兒發育不良，而導致死胎、早產、流產，以及妊娠毒血症，還會造成母體牙齦出血、分娩時大出血。

含有維生素C的食物很多，像檸檬、柑桔、番茄、橘子等水果，還有西洋芹、甜椒、菜花、菠菜、白菜、豆芽菜等蔬菜、肝臟類……都含有豐富的維生素C。

維生素D

維生素D能幫助鈣的吸收，是孕婦不可缺少的食物。

維生素D不足會引起胎兒骨骼軟化症、佝僂病，使胎兒發育不良。但是維生素D的攝取也不能過多，過多了又會導致妊娠毒血症，還會產生食欲不振、嘔吐等症狀。

要獲得足夠的維生素D，需要進行日光浴，多吃魚乾、鯡魚、蛋黃、黃油、冬菇等食物。

維生素E

維生素E是維持懷孕所需的黃體激素不可 少的物質。缺少維生素E會發生胎盤發育不良，引起流產。日常生活中，維生素E的獲取並不困難，所以缺乏維生素E的情況並不多見。

牛肝、蛋、奶油、白菜、菠菜、花生……均含有豐富的維生素E。

維生素K

維生素K也是不可缺少的營養，一旦維生素K不足，就會出現分娩大出血，或新生兒也有可能出血。維生素K是由腸內細菌產生，所以缺乏的情況不多。

胡蘿蔔、白菜、番茄、肝、魚、蛋、豆醬……維生素K都很豐富。

葉酸

葉酸是胎兒中樞神經系統發育所必須的，尤其是在懷孕最初數週內更為需要。體內不能儲存葉酸，並且懷孕期間葉酸的排出量大於平時好幾倍，所以重要的是每天都要適量供給。新鮮的深綠色多葉蔬菜是葉酸的良好來源，但要蒸吃或生吃，因為經過烹調，大量的維生素會被破壞。含葉酸的食物主要有綠花椰菜、菠菜、榛果、花生、全麥麵包。

懷孕飲食的小常識

素食者的飲食

如果妳每天吃富含蛋白質的食物以及新鮮水果和蔬菜，就能提供胎兒成長全部所需的營養。唯一缺少的營養物質是鐵質，所以妳可補充礦物質。如果妳是嚴格的素食主義者，並且不吃奶製的各種食品，建議妳服用鈣片、維生素D以及B_{12}。

切忌放太多的鹽

許多人在飲食中放入太多的鹽。然而，在懷孕期間減少食物中的鹽含量甚為重要，因為有些疾病大多與鹽有關，例如：水腫以及子癇前症等。

液體食物

懷孕期間，為了保持腎臟的健康以及避免便秘，多喝液體的食物是必要的。水是最好的，妳想喝多少就喝多少。

最好的食物

以下九種食物是營養物的極佳來源，應該設法每天吃到其中一些。

- 牛奶，酸乳酪（即酸奶）：鈣質、蛋白質。
- 深綠色的多葉蔬菜：維生素C、纖維素、葉酸。
- 瘦肉：蛋白質、鐵質。
- 橙：維生素C、纖維素。
- 家禽：蛋白質、鐵質。
- 魚類：鈣質、蛋白質、鐵質。
- 全麥麵包：蛋白質、纖維素、葉酸。
- 全麥做的不同形狀的麵食及未經細磨的米食：纖維素。

補充營養

如果妳的飲食比較平衡，而且新鮮食物較多，就不需要補充營養；如果妳有貧血，可能需要一些補充劑。有些醫生以及診所會按例給孕婦開鐵劑及葉酸。

“懷孕與藥物”

孕婦所服的藥物對胎兒都會產生影響，尤其是西藥房所販賣的成藥，在服用前一定要經過婦產科醫師的指示，才能使用。

孕婦所服的所有藥物都會對胎兒產生影響，藥物引起胎兒異常者亦不在少數，尤其是懷孕初期，胎兒身體的各個器官正在形成，很容易受外在因素影響，出現藥物所導致的畸形。

懷孕初期，由於尚未確定懷孕，對藥物的服用並不會太注意，於是將懷孕早期出現的發冷、身體倦怠、發燒……誤認為是感冒症狀，而服用從西藥房買來的成藥後，才發現懷孕。

目前市面上出售的藥物，雖說只要不長期使用就沒有影響，但還是謹慎為好。在醫生確診是否懷孕後，應按處方放心服用。

感冒藥

感冒藥含有奎寧，它可促使子宮收縮，引起流產或發生胎兒畸形。阿斯匹靈等水楊酸藥物也會發生畸形。抗組織胺藥和非那西汀對胎兒也有不良影響。

鎮靜、催眠等藥物

催眠藥和鎮痛劑也可能造成胎兒畸形，必須注意。

採用無痛分娩時，在分娩前給藥，常常使用巴比妥類藥物，這種藥物強烈作用於胎兒，有時會使產下的嬰兒自己不呼吸，成為暫時性睡嬰。但是，為了消除孕婦的不安、疼痛和緊張，有時不得不使用巴比妥類和鎮定劑Pethidir。

止吐劑

用於暈車和止吐的抗組織胺類藥物，有的也可引起畸形。懷孕嚴重害喜時，不要隨便服用止吐劑，務必遵照醫生指示使用。

腹瀉劑

服用強力腹瀉劑會引起流產、早產。要注意日常膳食和運動，避免便秘。便秘嚴重時要去請教醫生。

抗生素、磺胺類藥物

這種化學製劑是抗細菌感染的必要藥品，也是懷孕中常用的藥物，越是有效的藥物，對胎兒的影響也就越大。治療結核的鏈黴素和卡那黴素可損害胎兒的聽覺；氯黴素和四環黴素類等，有可能引起胎兒的中毒症狀。

大量使用抗生素和磺胺類藥會出現不良影響，但也有許多安全的藥物。所以，對於醫生所開的藥物請放心使用。孕期易患膀胱炎，若使用抗生素和磺胺類藥不能完全治癒時，高燒會引起胎兒死亡。但罹患膀胱炎時也不要過度擔心，要按醫生處方服藥即可。

維生素類藥物

雖然建議服用維生素，但不能過於依賴藥物，服用正常量的維生素不會有什麼問題，而過量服用維生素A和維生素D，則有時會導致胎兒畸形。大量服用維生素K，胎兒出生後，會患嚴重黃疸或引起核黃疸，建議要透過食物來充分攝取維生素和礦物質。

激素類藥物

黃體激素類用於預防和治療流產、早產，但有人認為有可能引起胎兒心臟畸形。若在懷孕初期連續服用，所生嬰兒為女性時，可能出現外陰男性化。

用於治療風濕病和皮膚病的可體松，是名為腎上腺皮質激素的類固醇類藥物，如果懷孕初期大量服用這類藥，一般認為所生的嬰兒有可能會出現兔唇、顎裂。

其他類藥物

有人認為中藥可能比較緩和，但服用也要注意。除草劑等農藥也會引起流產、早產和胎兒異常。

藥物的服用要非常謹慎。只要是醫生在知道懷孕的前提下所開的治療藥物，可按醫生指示放心服用。

在預防接種前，要告訴醫生自己已懷孕，原則上，懷孕期間最好不接受預防接種。因為預防接種是為身體注射少量病毒或細菌，使之輕微發病，所以對胎兒影響很大。尤其是牛痘和德國痲疹的活疫苗，病原體本身可以透過胎盤進入胎兒體內，非常危險。但根據不同的疾病，有時需要接受預防接種。預防接種有時還會出現強烈過敏反應，在接受預防接種時，要把懷孕之事告訴醫生，請醫生給予判斷。

"懷孕時期的異常現象"

早期發現，防患於未然。

子宮外孕

正常懷孕是受精卵在進行細胞分裂時向子宮腔內移、著床、進行發育。如果受精卵著床的部位不是子宮而是其他部位時，則稱為子宮外孕。受精卵在子宮外是不能發育的，結果必然導致流產，或受精卵增大後使輸卵管破裂。

症狀

子宮外孕中，大部分為輸卵管懷孕，偶而也有受精卵著床於卵巢、腹腔和子宮頸的。其症狀可因著床的部位不同而有所不同。

卵巢懷孕

無陰道流血，但由於向腹內出血，因而可引起下腹疼、貧血、休克（出現臉色發青、出冷汗、噁心、嘔吐、呵欠打不出來、呼吸困難等症狀）。

子宮頸懷孕

雖然可引起大量出血，但下腹部卻無疼痛。

腹腔懷孕

大部分為流產的受精卵著床於腹腔，進行發育。最初，症狀和正常懷孕相同，到後半期，出現嘔吐、噁心、便秘、腹痛等症狀。

輸卵管懷孕

大多數情況下是受精卵著床於輸卵管壺腹部。發育長大後在腹腔內流產，稱為輸卵管流產。

輸卵管壺腹部懷孕，初期有持續的暗紅色流血，伴有下腹痛；受精卵在發育過程中，引起輸卵管破裂，其症狀與輸卵管流產相同，為持續性流血，突然劇烈的下腹痛。有時可引起休克。

隨著懷孕月份的增加，子宮外孕必然會流產或破裂。輸卵管流產的症狀（少量出血和下腹痛）與一般流產相似，所以有時會誤認為一般流產。

輸卵管破裂可危及母體性命，在破裂之前往往很難確診。

病因

正常懷孕時，卵子在輸卵管前端（壺腹部）受精，受精卵再經過大約三週的時間到達子宮腔。而子宮外孕時，由於輸卵管粘連或曲折等原因，受精卵無法到達子宮腔，而在輸卵管著床。受精卵隨著時間發育長大，輸卵管卻不可能像子宮那樣隨著受精卵的長大而增大。所以懷孕六至十一週時，就會擠向腹腔而流產，或引起輸卵管破裂。

有以下情況的人，有可能發生子宮外孕，要特別注意：

- 曾罹患過輸卵管炎症或腹膜炎的人。
- 做過人工流產，並且後來懷孕不太順利的人。

・曾因不孕症，接受過輸卵管治療的人。
・先天性輸卵管粘連或異常的人。

預防以及早期發現

子宮外孕症狀與一般流產非常相似，因此早期發現相當困難。所以發現有流產徵兆時，一般亦應考慮有子宮外孕的可能性。

子宮外孕的預防：不要輕易做人工流產，要始終保持清潔，避免輸卵管炎和子宮內膜炎的發生。此外，有上述情況的人，只要出現下腹痛或流血，務必到醫院請醫生檢查。

子宮外孕的處理及注意事項

一旦發現是子宮外孕，須立即進行手術，切除出血的輸卵管或卵巢。孕婦出現休克時，要先進行輸液和輸血，然後再進行手術。

子宮外孕手術後，是否能夠繼續正常的懷孕，取決於另一側輸卵管是否正常。子宮外孕的復發率較高，且容易形成不孕症，所以，希望能夠再次正常懷孕的人，一定要進行全面檢查和徹底的治療。

葡萄胎

葡萄胎是一種子宮內胎盤絨毛異常繁殖，使子宮長滿絨毛的疾病，胎兒無法發育而被吸收。繁殖的絨毛形成大小不等的葡萄樣顆粒（囊腫），所以別名也叫葡萄胎。

症狀

懷孕初期出現流產徵兆。這是一種不多見的疾病，若確診是葡萄胎後，必須馬上做子宮刮除手術。可根據下述症狀和正常懷孕加以區別；如果出現其中一種症狀，要及早檢查。

1. 懷孕害喜嚴重，一度得到控制後，又反覆出現。
2. 懷孕初期便出現妊娠毒血症症狀（蛋白尿，下肢浮腫）。
3. 葡萄胎時，子宮大於正常懷孕的月份。
4. 持續性不規則流血，或突然大量出血，有時囊腫隨血液一起流出。

5 正常懷孕的孕婦，基本上在十六至二十週左右能感覺到胎動。而葡萄胎因子宮內無胎兒或胎兒已經死亡，所以是感覺不到胎動的。

究竟葡萄胎是怎樣形成的？有人認為是受精卵本身異常，也有人認為是由病毒引起。但形成葡萄胎的真正原因目前仍不明確。

治療

葡萄胎放任不管可能出現流產，與一般流產一樣，有時會出現大出血。

一旦發現葡萄胎，要立即住院動手術，將子宮內清除乾淨。即使子宮內殘留少許的絨毛，也會發生叫作絨毛上皮瘤（絨毛癌）的惡性腫瘤，所以手術後一至兩年內一定要避孕，並定期進行健康檢查。

九十％以上的人，再次懷孕是正常的，所以遵照醫生指示非常重要。

貧血

懷孕期間容易出現貧血（缺鐵性貧血）。孕婦中有三分之一的人貧血。

懷孕期間貧血會影響胎兒。母親貧血嚴重，可能造成胎兒發育不良，或乳兒期以後貧血影響發育。

貧血除對胎兒有影響之外，對母體也有不良影響，有的可引起妊娠毒血症，分娩時易出現子宮收縮無力和大出血等異常現象，產後恢復慢，也影響母乳分泌。

症狀

孕期貧血與一般貧血稍有不同，是血液中水分增多，所以也叫作「懷孕貧血」。症狀是頭暈、心悸、站立時眩暈，指甲或眼皮內側發白等，與一般貧血相同。但孕期出現這些症狀往往被忽視。有時尚未出現症狀，病情已漸漸嚴重。

如果孕期定期做產前檢查，多做幾次貧血檢查，就能夠早期發現。正如前文所述，透過自覺症狀很難發現貧血。孕婦大口呼吸或氣喘吁吁時也要注意。

病因

引起貧血的原因有兩個。一個是懷孕後，體內循環的血液需大量增加，所說的增加，只是水分的增加，血球本身並沒有增加，也就是說血液被稀釋了，稱之為生理性懷孕貧血。另一個原因是胎兒為了發育，從母體血液中攝取所需的鐵，造成鐵缺乏或因偏食而造成鐵不足，是一種缺鐵性貧血。

治療

確認為貧血後，醫院會給妳一些鐵劑，有必要服用以使血球數升高。鐵劑是一種非常難喝的藥物，並且還會損傷腸胃，引起腹瀉或便秘。副作用太大時，要和醫生商量，改換一下別的藥物。

日常生活中，多吃含蛋白質、鐵、維生素類多的食物，每日攝取量要平均，避免過度疲勞，生活要有規律。

妊娠毒血症

是一種懷孕自身引起的疾病。在懷孕異常中，占全部分娩人數的十%。發病率相當高，經常危及母體生命或產下早產兒，造成胎兒死亡。因此要盡量及早發現，進行充分治療。

症狀

妊娠毒血症有三個症狀：即浮腫、蛋白尿、高血壓。自覺症狀只有浮腫，其他兩種需經檢查後才能發現。所以要想早期發現，就必須做到定期產前檢查。

有許多妊娠毒血症患者，身體非常健康，卻在檢查後發現有蛋白尿，因此感到非常吃驚。妊娠毒血症有以下某種程度的自覺症狀：

1. 腳背、小腿、手、面部浮腫。
2. 體重一週增加五百公克以上（正常懷孕後半期，一週增加二五〇至四百公克左右）。
3. 尿量、小便次數減少。
4. 出現浮腫的同時，還出現頭痛、心悸（中毒症狀發展）。

5 視物不清（有時和頭痛、心悸，同時出現，有時只是眼睛看不清，往往患有高血壓的人容易發生）。

6 骨痛。

如果血壓超過一七〇毫米汞柱，出現疾病性蛋白尿，或浮腫波及上半身時，應視為重症，必須住院。在重症妊娠毒血症患者中，有的會突發抽搐、意識喪失，稱為子癇。這種情況可引起腦出血，嚴重者可導致死亡。此外，懷孕後期，胎盤有可能在子宮內脫落（胎盤早期剝離），出現內出血引起休克。

病因

此病病因學說甚多，但確切的病因目前尚不明確。總之，是一種懷孕直接造成各部功能障礙的疾病。一般認為是胎盤中產生使鈉蓄積的物質和引起休克的毒物從血液中流出，從而使母體發生變化所致。

治療

症狀較輕時，可以採用靜養、食物療法和藥物療法；嚴重時則需住院治療。此病對胎兒影響很大，因此，當母體中毒症狀無好轉時，為保證胎兒健康發育，應實施早產或剖腹產，使胎兒盡早離開母體。症狀輕者，每天午睡二至三小時，控制外出，絕對應節制飲食、保持安靜。

妊娠毒血症患者的飲食應減少熱量、增加蛋白質，每日攝取熱量為一千二百至二千卡，蛋白質為七十五至一百公克。鹽的攝取要根據症狀而定，一般在二．五至五公克之內。水要根據體重增加及尿量的情況給予適當補充。

後遺症

此病分娩後很快便會好轉。但有時高血壓或蛋白尿仍會持續，不要以為平安無事地生下寶寶就疏忽大意，要定期地請醫生檢查。如果不完全治癒，下次懷孕後，便很快會再次出現妊娠毒血症，使孕婦陷於苦惱之中。

預防

除了高血壓、過敏體質者易患妊娠毒血症之外，肥胖、高齡孕婦、糖尿病病人和曾患過腎臟疾病者，也易患妊娠毒血症。因其病因尚不明確，所以很難預防。

根據統計來看，上述人員發病率較高，所以這些人應從懷孕初期開始攝取優質蛋白質，控制鹽的攝取量，定期做產前檢查。

前置胎盤

正常情況下，胎盤是在子宮上方發育，但有時也會在下方發育，稱之為前置胎盤。

症狀

其症狀可根據胎盤覆蓋於子宮頸口的程度而不同。不管是哪種前置胎盤，都是在胎兒分娩出前胎盤剝離。因此，出現無痛性流血（有時會大出血）。邊緣性前置胎盤，有的在孕期不流血，分娩時大量出血，而破水胎兒分娩後，會自然停止。

部分性及完全性前置胎盤，懷孕七個月後可能出現流血，分娩時大出血；前置胎盤的胎兒位置很難固定，往往呈橫位，形成胎位不正。

原因

多次做過人工流產以及患過子宮內膜炎、子宮畸形和子宮肌瘤的孕婦易發生前置胎盤，曾有生產經驗的孕婦發生機率會多於第一次生產的孕婦。

治療

邊緣前置胎盤可以進行自然分娩，而部分性和完全性前置胎盤則必須行剖腹生產手術。

懷孕七個月以前，即使發現前置胎盤時，也不要做剖腹生產手術，要安心靜養，使胎兒能夠充分地發育。

羊水過多症

正常懷孕時，懷孕末期的羊水量一般為二百至六百毫升，而羊水過多症則超過七百毫升以上。羊水過多可出現輕微陣痛，易引起前期及早期破水。只要胎兒無異常，就不必擔心。但有時可能是畸形或是多胎懷孕，因此需要去醫院檢查。

症狀

腹部比正常懷孕週數的孕婦增長明顯過快。懷孕後期，有羊水急劇增加和緩慢增加兩種情況。因腹部過於增大，會出現噁心、呼吸困難等症狀。

原因

❶ 羊水異常增多。

❷ 胎兒飲水（羊水）量少（畸形胎兒）。

❸ 母親患有腎臟、肝臟、心臟疾病及梅毒、貧血、糖尿病。

治療

母親患病時，要在懷孕的同時進行治療。發現胎兒畸形或出現呼吸困難時，要終止懷孕。只要胎兒無特殊變化，就應注意不要早產，使胎兒能充分發育。

"懷孕時期的保健運動"

懷孕、陣痛及分娩會給身體增加很大的負擔，所以在自己身體方面能夠多做一些準備，就會感到好一些；妳還會發現，有運動習慣的人，分娩後更容易恢復原來的體型。學習鬆弛訓練是很重要的，它可促使妳平靜下來，使妳有效地應付臨產的陣痛階段，對緩解緊張更具效力，並且還可增加輸進胎盤的血流。即使妳平時並不喜歡運動，也可按照以下的練習方法試做一下。鬆弛運動能使關節和肌肉更柔軟，減輕臨產前陣痛，並為分娩做好準備。當妳一確定是懷孕，就可以開始練習。

在妳開始練習時，如果已過了害喜期而進入各方面都正常的階段，也不必擔心，絕不要認為起步的太晚。首先要逐步建立起鬆弛練習的習慣，每天至少能練習二十分鐘。

切合實際的運動

如果你一直喜歡運動，懷孕期仍可照常進行，但要有所限制：

- 懷孕期不是做劇烈運動的時候，只能繼續做一些你身體已經習慣的運動。
- 運動要有限度，不要運動到使自己感到疲勞或上氣不接下氣。
- 要避免任何有損傷腹部危險的運動，例如：騎馬、滑雪、滑冰。
- 懷孕期間的最初和最後數週要格外小心，要避免韌帶過分緊張。
- 游泳是極好並且很安全的運動，水可以把妳的身體支撐起來。

照料自己的身體

懷孕期間，要好好注意自己的身體姿勢，避免背部的彎曲是非常重要的；因為這個時期妳疼痛的可能性要比平時多得多。胎兒的重量使妳向前，因此妳要稍稍向後傾以抵消向前的重力。懷孕期間，背部下方以及骨盆的肌肉都會拉緊，接近懷孕期末期時，這種現象尤為明顯。

不管做什麼都要注意自己的身體。不要提舉重物，設法保持背部的挺直時間越長越好。穿低跟鞋，因為高跟鞋會加重妳的重量更向前傾。

保護妳的背部

為避免背部不適帶來的困擾，每天做家務事時，要知道如何保護自己的身體。例如：打掃、抱孩子、提重物等，都要注意。懷孕期的荷爾蒙可以使背部下方的肌肉拉長，並且使之軟化，所以如果妳過分彎腰（背）、起床太快，或用錯誤方法提舉重物，就更容易使背部彎曲。

蹲低一點做家事

整理花園、掃地、鋪床，或幫孩子穿衣，都採用挺直腰板、蹲低或跪著做的姿勢，用以代替彎腰。

從躺著的地方慢慢坐起來

當妳從躺著的地方想起來時，一定要先轉向側臥，然後再轉向跪姿，用妳大腿的力量把自己推起來。注意要保持背部挺直。

抬舉與攜帶

當妳準備抬起一件東西時，先彎曲膝部、蹲位、盡量挺直背部，把東西拿到靠近妳的身體，切勿從很高的地方抬某物，因為妳可能失去平衡。如果妳用袋子攜帶的物品過重，最好把它等分為兩袋，左右手各拿一袋。

正確的站姿

在可照到全身的鏡子前面，就能檢查自己站立的姿勢是否正確。要讓妳的背部舒展並且挺直，為的是使胎兒的重量集中到妳的大腿、臀部，以及腹部的肌肉，並且受到這些部位的支撐。這種站立的姿勢，將有助於防止背痛，並可增強腹部肌肉的力量，如此訓練自己會使妳分娩後較容易恢復原有的體形。

增強骨盆底練習

骨盆底是支撐腸、膀胱以及子宮的肌肉吊帶。懷孕期間，這些肌肉變得柔軟且有彈性，加上胎兒的重量，就把它們向下推並顯得軟弱無力，於是，使妳感到沉重並且不舒服。每當妳跑步、打噴嚏、咳嗽或大笑時，也可能有少許尿液漏出。為避免發生這些問題，加強骨盆底肌肉的鍛鍊是很重要的。

骨盆底的周圍是骨盆的骨骼部分，它支撐並保護子宮內的胎兒。分娩時，胎兒要通過這裡娩出。

增強骨盆底的肌肉練習方法

要經常做這項運動，每天至少練習三至四次。一旦熟練了，在任何時間、任何地點，妳都可以練習，無論是躺著、坐著或站著都可以。妳會發現，這項練習在第二產程時是很有用的。妳知道如何能使肌肉放鬆，到時嬰兒就能順利地通過骨盆通道，從而減少了會陰撕裂的危險。

仰臥、兩膝彎曲、雙腳平放，好像要終止排尿那樣地用力收緊肌肉，妳可以想像陰道正在將某物拉入其內，輕輕往裡吸，然後停頓，再用力縮緊，直到妳再也使不出更大力氣為止，此狀態維持片刻，然後逐漸放開。重複做十次。

練習時間

- 等候公共汽車或火車時。
- 熨燙衣服或煮飯時。
- 看電視時。
- 性交時。
- 已排空小便時。

骨盆傾斜練習

這項練習可幫助妳不費力地活動骨盆，對於將來的分娩很有好處，可增強腹部肌肉並使背部更靈活。妳如果患有背痛，此項練習會特別有幫助。在妳雙手、兩膝落地，趴在地上的體位時，妳的先生可按摩妳背部最下方以減輕各種疼痛。妳可以在任何體位做骨盆傾斜練習。練習時切記保持兩肩不。

增強腹部肌肉的練習方法

- 用雙手、兩膝趴在地上。要設法保持背部平直（初次練習可照鏡子加以糾正）。
- 緊縮腹部肌肉，收緊臀部肌肉，並輕微向前傾斜骨盆、呼氣。妳的背部應拱起。這個姿勢要保持數秒鐘，然後吸氣並放開。重複數次，為的是使妳的骨盆在此姿勢下可以來回搖晃。

練習時間

仰臥時、跪下時、站立時、音樂伴舞時、坐著時。

盤腿而坐

這項練習可增強背部的肌肉，並且使妳的大腿及骨盆更為靈活。它還可改善身體下半部的血流，並且使妳的兩腿在分娩時能較好分開。由於懷孕期妳的身體較前更柔軟，所以下面這些姿勢做起來比看上去會容易些。

加坐墊的坐姿

如果妳感到盤腿而坐有困難，就在兩條大腿下放一個坐墊，或背靠牆壁而坐取得支持。切記要保持背部挺直。

增強大腿肌肉的坐姿

背部挺直地坐下，兩腳靠緊在一起，讓兩腳跟貼近妳的身體。抓住踝部，並用兩肘向下壓迫大腿。這個姿勢要保持二十秒鐘。重複數次。

雙腿交叉的坐姿

這種坐姿使妳感到更舒服。注意要不時更換一下兩條腿的前後位置。

注意

當妳進行任何練習時，要牢記以下準則：

- 不要做超越力所能及的限度。
- 絕不要耗盡自己的全部體力。
- 練習中，妳如果感到任何疼痛，要立刻停止。
- 在懷孕後期，應避免仰臥。

下蹲

這項練習可使妳的骨盆關節更靈活，並且可以增強背部和大腿的肌肉。如果妳用下蹲的體位代替過分彎腰（背），可以發揮保護背部的作用；如果妳患有背痛，蹲位能使妳感到舒服。下蹲在分娩時也是可以採用的一種很好的姿勢。

開始時妳會感到完全下蹲有些困難，所以設法用手扶握住牢固的支撐物，例如，椅子或窗架，並且在腳跟下可以墊一條捲起來的毛毯。要慢慢地起來，否則妳可能會感到頭昏眼花。

扶著一把椅子的蹲姿

兩腳稍微分開，面對一把椅子站好（應注意椅子的重量及牢固的程度，以免失衡跌倒）。保持背部挺直，兩腿向外分開並且蹲下，用手扶著椅子。只要妳覺得舒服，這種姿勢盡量保持得久一些。如果妳感到兩腳完全平放在地上有困難，就在兩腳跟下面墊一條捲起來的毛毯。

無支撐的蹲姿

保持背部挺直，兩腿向外分開並且蹲下，兩腳稍向外轉。試著保持兩腳跟平放在地上，並且用雙肘分別向外壓迫大腿的內側，藉以舒展大腿的肌肉。只要覺得舒服，保持這種姿勢盡量長一些時間。

特殊情況下採用的方法

- 在上樓梯時透不過氣來。
- 從地上撿起一個東西。
- 從最底下的抽屜裡拿東西出來。
- 講電話時。
- 四周沒有椅子。

“安產體操”

順利分娩的秘密武器

所有的孕婦都希望平安生產，而這要靠自身的努力配合，方能實現，為此本文將告訴妳如何藉體操鍛鍊身體，以達到安產的目的。

想要安產，首先就需要有足夠的運動量。懷孕後，因行動不便，常導致運動量不足，或只是做局部運動。其實，適當及適量的全身運動，不但有助於產程進行，更可消除腰痠、肩痛等不適症狀。

安產體操的注意事項

安產體操，是從懷孕進入安定期至臨盆期都可以做的運動。當腰部出現膨脹、疼痛，或經醫生指示要保持安靜時，就需要立即停止。另外，空腹時也不可做，至少需飯後一小時才能進行。

做體操時要穿著寬鬆、容易活動的衣服。做時嘴巴微張，邊呼吸、邊配合音樂，並遵照正確的姿勢做體操，才會有良好效果。

本單元所介紹的動作都很簡單，孕婦每日可利用早上起床或是入浴前，打開音樂，隨著音樂的節拍，一起來運動。

站立體操 脖子運動
——消除肩膀痠痛

1. 雙腳打開，成比肩稍寬的姿勢站立，雙手插腰。

Next <<

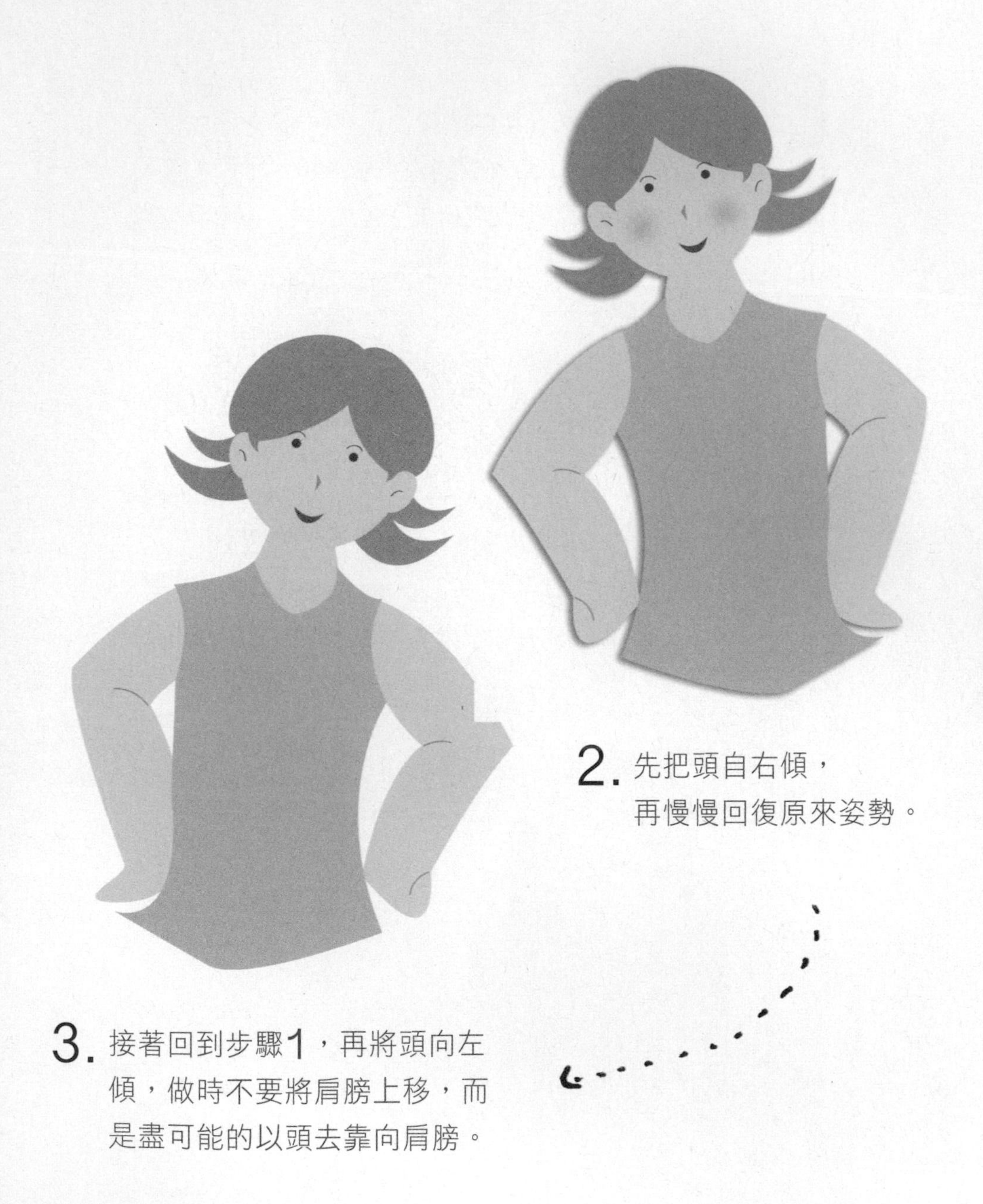

2. 先把頭自右傾，
再慢慢回復原來姿勢。

3. 接著回到步驟1，再將頭向左傾，做時不要將肩膀上移，而是盡可能的以頭去靠向肩膀。

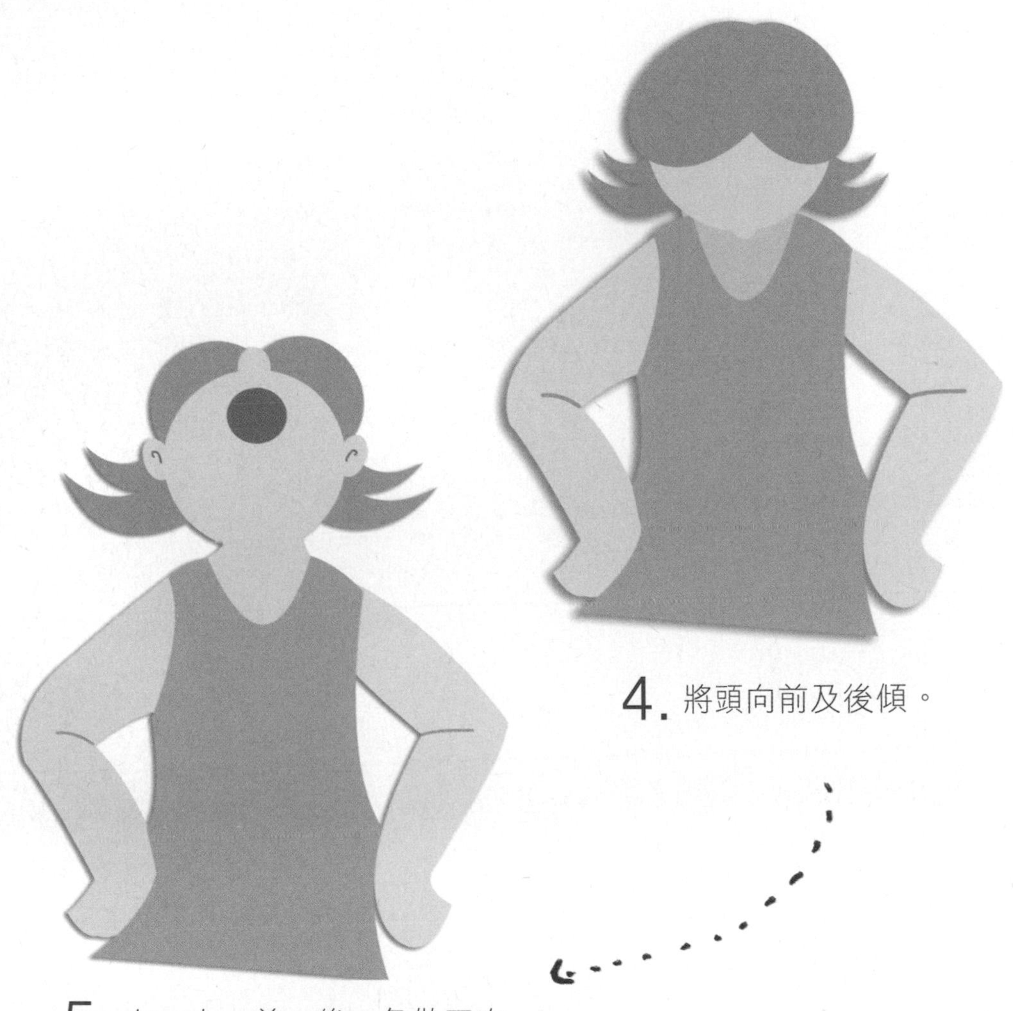

4. 將頭向前及後傾。

5. 左、右、前、後，各做四次。

站立體操

肩部上下運動

2. 換邊做，左右交互各做四次。

1. 用力將一邊肩膀向上移，靠向頭部，做時頭部不可向肩膀傾斜，被抬起的手臂、手肘，要略微彎曲。

站立體操

手臂運動 I
——加強手臂力量

2. 保持此高度，彎曲手肘向兩邊打開，接著打開手臂，如此交互做，各做八次。

1. 將兩手肘成九十度彎曲，在臉部前方併攏。

站立體操 手臂運動 II

1. 將雙手肘成九十度彎曲，
在臉部前靠攏。

2. 將右手垂直下移，
拳頭貼在左手肘邊。

3. 將右手回到原位，換左手做，
重覆左右手，各作八次。

站立體操 乳房按摩

——使母乳分泌順暢

2. 保持雙手手指搭在肩上的姿勢，將手肘向胸往前推，然後左右移以按摩乳房，連續做八次。

1. 將雙手手指搭在肩上，雙手手臂貼近腋下。

站立體操

大腿運動

——預防腳抽筋

2. 曲膝半蹲，上下各做八次，在做這動作時，背部一定要挺直。

1. 雙手插腰，雙腳打開後與肩同寬，背部伸直，站在地上。

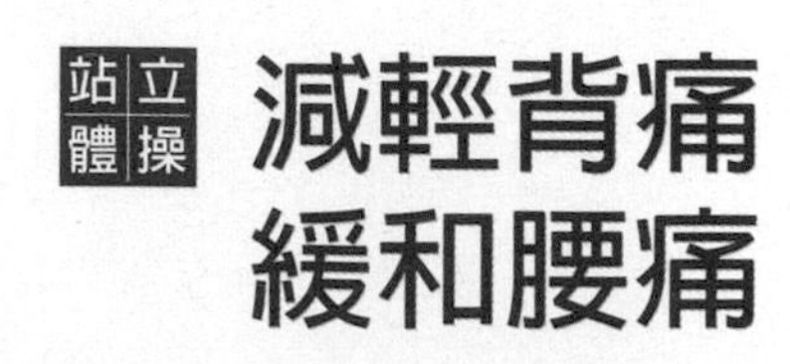

1. 雙腳打開至肩的兩倍寬。

2. 雙手放在兩膝上、半蹲。

3. 將右手回到原位，換左手做，
重覆左右手，各作八次。

站立體操

伸展背肌

1. 雙腳打開比肩稍寬，雙手放在膝上呈半蹲姿勢。

2. 將身體慢慢往下彎曲，伸展背肌，眼睛朝腹部看，彷彿看著自己的肚臍。

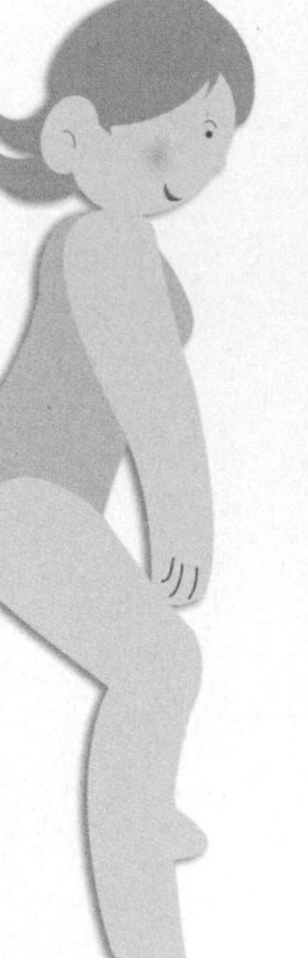

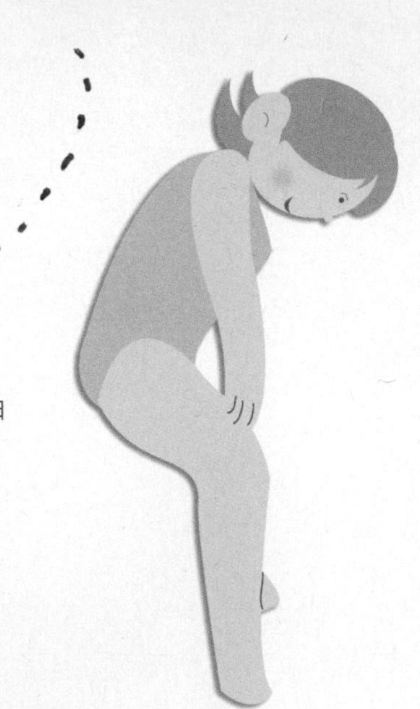

3. 慢慢地抬起頭，並伸直背肌，上述步驟，各做八次。

站立體操 體側運動

——鍛鍊腹部側邊肌肉

1. 雙雙腳打開，
至比肩稍寬。

Next <<

3. 恢復原來姿勢，換邊做，左右手各做四次。

2. 左手置於膝上，身體向左傾，右手貼緊右耳，隨身體向左上方高舉，務使右側腹肌伸直。

站立體操 扭肩運動
——骨盆振動運動

1. 雙手插腰、雙腳打開與肩同寬，膝蓋略彎站立。

2. 腰部左右搖動，各做四次。

Next <<

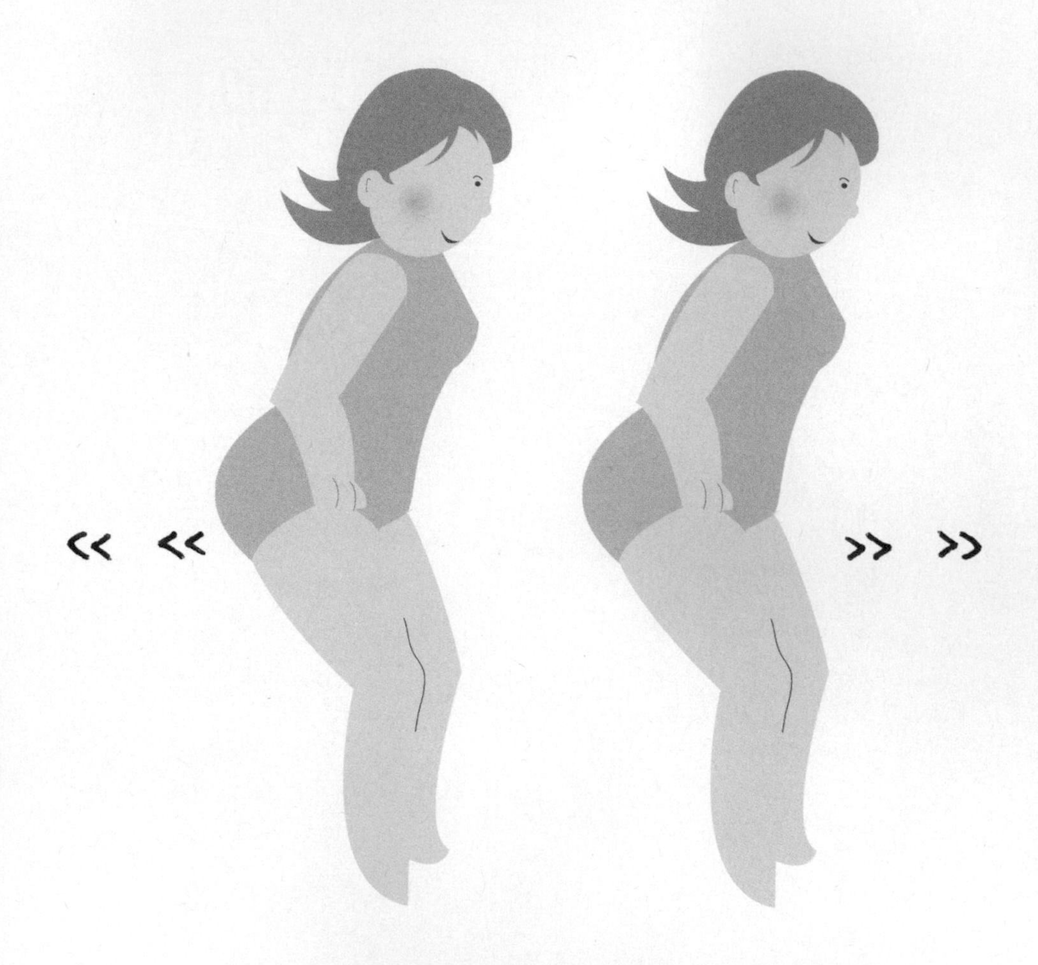

3. 把臀部勒緊，用力向前後移動各做四次。

站立體操 大腿和小腿肌的伸展

——預防小腿痙攣

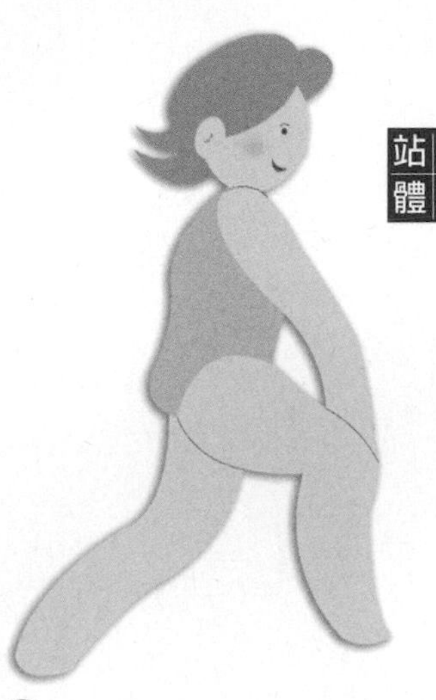

1. 直立站好，雙手置於身側，自然下垂。

2. 將右腳向前跨一大步，雙手置於右膝上。

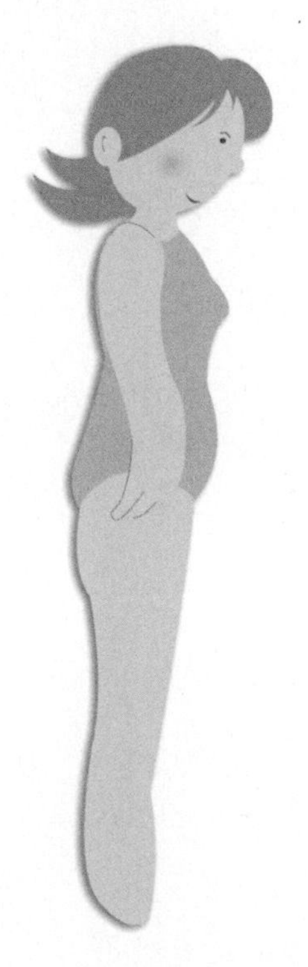

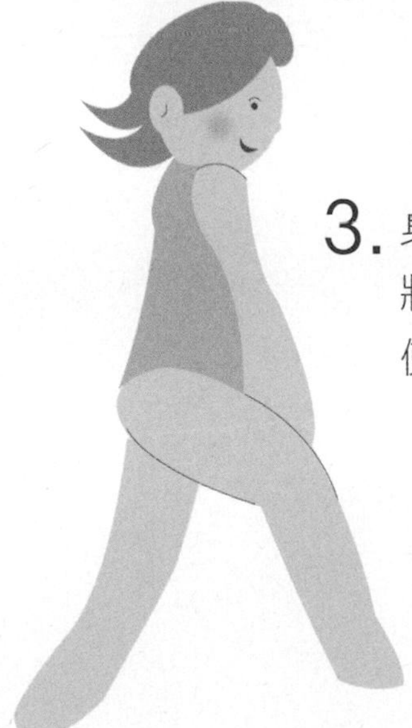

3. 身體向前，用力將右腳往下壓，使左腳拉直。

Next <<

4. 將右腳縮回，換左腳重複上述動作。

5. 左右交替，共做八次。

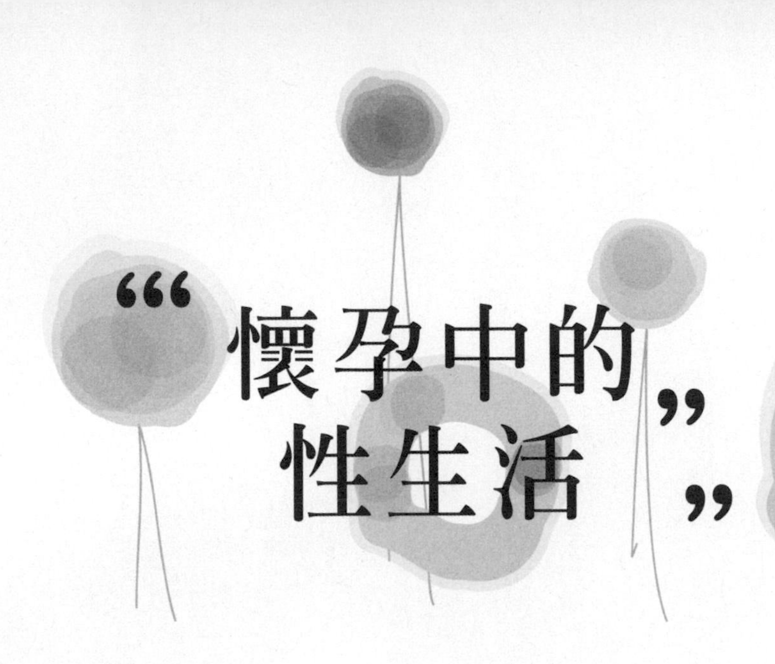

懷孕中的性生活

「懷孕」是許多夫妻最為雀躍的喜事，但是，懷孕後的性生活卻令夫妻又愛又恨。本文中，特別為您介紹數位讀者懷孕中的性生活方式、體位、次數，以及拒絕先生的方法等，精彩萬分，值得妳仔細閱讀。

根據問卷，受訪者的平均年齡是妻子二十五・五歲，先生二十七・九歲。在婚後三年內懷孕的夫婦，占四十七・四%，其中大多數在婚後一個月內即已懷孕。一年之後懷孕者，占二十二・七%，較慢的人則在六年兩個月後方獲喜訊。

而婚前即懷孕者，占了二十九・九%之多，大約是三成左右；婚後，沒有實施避孕的夫婦，占六十五・二%。

在結婚的同時就希望有小孩，順其自然懷孕者占了六十・六%。

但是，「雖然實施避孕，卻仍然懷孕」的個

案，則大約占一成左右。

懷孕前的性交次數，平均是一個月十・六次；「三天一次的比例」似乎是每個家庭的平均數。

受訪者在懷孕期間性生活所遇到的問題

- 懷孕中性生活的次數和時間，都會逐漸減少。
- 若以正常體位性交時，若先生插入很深，會擔心流產；若採取側臥姿勢，插入較淺，但是，先生似乎感到不滿足。性交的時間若過長，又會擔心會不會導致流產、早產，因此感到很不安。
- 由於很在意腹中的胎兒，所以必須採用側臥位，並使用腰力，但在二至三天後，感覺胎兒好像下降似的，有點害怕。
- 由於已進入安定期，所以認為採取騎乘位較安全，可是會引起肚子疼痛。
- 若採取後背位，插入時好像會深入到裡面。胎位不正雖然矯正過來，可是，真擔心再度造成胎位不正。
- 由於不可以插入太深，所以合起雙腳，採取正常體位。當肚子漸漸明顯隆起時，先生若騎在上面，就害怕會碰到肚子。

・在懷孕十個月時，初次採取側臥位，可是當心血來潮時，又變為正常位，肚子卻發硬，令我很痛苦，真擔心會因此而破水。
・對懷孕中的性生活感到不安，陰道不濕潤，當一插入後，就會感到疼痛。
・射入我體內的精液立刻又流出來，以為是破水而大感驚訝。事實上，當我在上位時，只不過是精液逆流出來。
・懷孕七個月時，只是採取正常位輕輕摩擦，左邊的乳房卻分泌出許多乳汁。
・曾經聽說過，在懷孕中性交，會生下有痣的孩子，所以對性行為感到不安。
・先生在插入前，一定會先親吻我的陰部，對於衛生方面我感到很不放心，但不敢做任何表示。

受訪者對先生的「處理方式」感到乏味

・插入時間很短，無法滿足。
・在做愛的過程中，因害喜嘔吐，破壞了氣氛。
・先生本身就是個肚子凸出的人，所以當我的肚子漸漸隆起時，就不易行房事，真令人頭痛。
・夫妻互相用手來輪流達到高潮，可是覺得變成模式化，而感到無聊。

‧我很擔心在做愛途中生產，先生卻又不跟我合作。

‧身為女人的我，希望讓先生感到十分滿足。可是另一方面，身為媽媽的我又擔心胎兒的安危。所以，我一點也不快樂。

‧不知道是不是不滿意我的身材變胖，先生總是草率結束，我當然也感到不滿足。

‧從懷孕九個月開始，先生只要求口交，但因為我沒有任何感覺，而感到厭煩。

受訪者拒絕先生索求的方法——請先生忍耐

‧裝出害喜的樣子，或是假裝肚子發硬、難過。

‧讓他看看我發腫的身材，就會使他不感興趣。而且在產檢日期，騙他說：「醫生交待要禁欲三週。」這是善意的謊言。

‧騙先生說：「書上寫著，過了八個月之後，就不可以行房事。」

‧對先生說明白：「人生還很漫長，所以，請稍忍耐。」

‧只要一提到：「明天還要上班！」先生對於早起沒有自信，所以就放棄了。

‧哄先生一下：「現在不是時候，等我身體好一點後再說。」

- 「等孩子生下來之後，我們去旅行！」將話題轉到孩子身上，削減他的興趣。
- 「流產了也沒關係嗎？」以威脅的口氣嚇嚇他。
- 很明白地告訴他：「我不想要！」、「肚子發硬」。
- 無視於他的感覺，自顧自地睡覺或是轉向一旁，不加理睬；或拍打、踢他、生氣、發牢騷、瞪他、擰他、搔他癢。
- 告訴先生我腰痛，請他幫我揉一揉，他就會說：我手很累。就睡著了。
- 一起到醫院，也讓他看看超音波畫面的胎兒，當他索求性交時，就提起超音波中的寶寶，似乎就會減少他的興趣。
- 告訴他：「肚子漸漸變硬了。」讓他摸摸肚子。
- 背對著先生，蓋緊棉被睡覺。

受訪者的先生處理性欲的方法

- 親吻我的臀部和雙腿，自己解決。
- 一邊撫摸我的胸部，或是看著我的下半身，一邊進行手淫。
- 看我的裸身，或一邊看黃色畫刊，一邊進行自慰。

・半夜起來慢跑，或是打拳消耗體力。當我進入臨盆期後，就出去喝酒，一直到凌晨才回來。

・熱衷玩拼圖及電動玩具。

・看到他熱衷於模型汽車時，就很心疼。

・在浴室進行自慰。

受訪者處理懷孕期性生活的方法

・可愛撫陰莖與肌膚達到夫妻間的滿足，活用口、手、胸、大腿等部位。

・每天一起洗澡，請他幫忙按摩乳頭、乳房，完全是為了將來能分泌充足的乳汁；倘若先生有所需要時，與他進行口交。

・含著他的性器或用臉頰摩搓，擦上乳液加以撫摸。

・用大腿夾住他的陰莖，搖動腰部，使他滿足。

・聽聽音樂，在心情放鬆時，有意無意地撫摸先生的性器，並握著睡覺。

・用口和手使先生滿足，而先生則舐著我的乳房，使我感到滿足。

・平時用手來滿足他，偶爾吞下精液。

・用胸部夾住先生的陰莖摩搓，或用大腿夾住加以愛撫。
・我赤裸上半身睡覺，含著先生的性器，或親吻，或夾在胸部。
・隨時準備接受先生的愛撫。
・吸吮著我的乳頭，或是愛撫我，就這樣睡著。
・不做愛撫的動作，就是一直吻我，然後把手臂當作枕頭，抱著一起入睡，令我感到好幸福。
・依先生的希望，讓他看看我赤裸的身體。
・在床上，先生經常赤裸，而我則只穿睡衣，沒有穿內褲，當先生興致來時會愛撫我。
・摸遍全身，吻了又吻，並緊抱在一起，在睡覺前聊天，穩定他的內心。
・我半蹲半坐著，而先生則蹲仰躺在我的旁邊，用兩手摸遍我的全身。
・一吸吮先生的乳頭，他就全身興奮。

懷孕中夫妻的性欲，引誘方式？

1 即使是在懷孕後期，半數以上的先生仍有性欲。

在初期，有性欲的妻子只占了三成。隨著肚子日漸變大，妻子的性欲也會逐漸減退，尤其是在快臨盆時，「完全沒有」者，大約占了半數之多。另一方面，先生的性欲也會逐漸減退，進入快臨盆期時，似乎終於有了為人父親的感覺。

2 大約有四分之三的夫妻，是由先生主性引誘。

主要是由哪一方先引誘的呢？

- 由妻子引誘占六．一%。
- 看日子而定占一．八%。
- 由先生引誘占七十四%。
- 不管哪一方都沒想過占十七．五%。
- 後期以後，由妻子來引誘體恤而忍耐的先生，比例占了三%。

醫生的建議

- 基本上，在整個懷孕期間，都可以行房。除了前置胎盤等的懷孕異常，及流產、早產、子宮頸管無力症等外，懷孕中，基本上都可以行房。在進入穩定期以前，因較容易流產，所以醫師總是建議最好禁欲，事實上，初期的流產原因，大多數是胎兒發生問題，只有極少數是母體有狀況。很少因為性行為的原因而流產，但當感到肚子發硬、出血或疼痛時，最好終止性行為。
- 至於體位方面，在整個懷孕期間，都要採取不會深深插入的姿勢，避免劇烈的活塞運動。尤其當妻子達到高潮時，會造成子宮收縮，有時會導致早產的危險；有出血，或肚子發硬時，要立刻停止。
- 臨盆期，只要小心，仍然可以行房。但是子宮頸管感染與前期破水、早產有關係，所以應注意清潔。

PART 3

胎教

培育一個健康又聰明的孩子
從胎教開始。

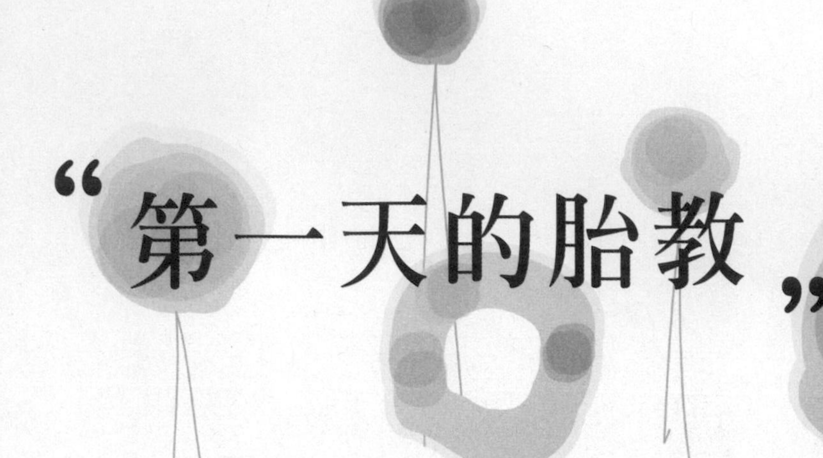

“第一天的胎教”

妳想不想要孩子？

想要孩子，這是胎教的第一步。

我們用了這樣一個題目：「第一天的胎教」，可能馬上就有人會問：「這『第一天』到底是哪一天？」如果用計算懷孕週數的方法來算的話，「懷孕第一天」是指最後一次月經完了的第一週後。不管妳當時知不知道自己懷孕，反正從這天起，妳的懷孕就可能開始了，那麼，第一天的胎教也就開始了。

有人一定覺得既可笑又不現實：「我怎麼知道這次月經週期我就一定會受孕？」是的，這就是我們在這裡要說的——胎教必須從受孕前開始。在母親腹中，在新生命還沒有萌芽以前，為了讓這孩子健康地出生，妳就先得開始準備了（有人稱之為「助跑」）。

每個月的行經期間，都可以看作是在做準備，因為每個月月經完了以後都有懷孕的可能。

但是，我們說的「第一天」比這還要早，我們是從妳想到「要孩子」這一天算起的。有的人想結婚後先輕鬆快活幾年再談要孩子的事；但也有夫妻，一結婚就想要孩子，那麼，胎教從新婚第一天起就要開始了。

為了確保小生命健康地誕生，作為未來的父母，在受孕前應該創造一個既舒適又愉快且有利於懷孕的環境。

首先，最重要的是要保證母親自身的健康。如果母親經常為自己的疾病煩惱，那就很難充滿信心地懷孕並育兒。而且，對身體健康狀況不好的母親來說，懷孕肯定會成為一個很重的負擔。如果疾病治療過程中懷孕，就不能不考慮藥物對胎兒的影響。患心臟病、糖尿病等疾病的女子，特別不適於懷孕，應及早進行治療。如果妳有病而想懷孕，一定要和先生好好商量，三思而後行。

近年來減肥盛行，有些女子為了保持苗條的身材，拚命節食，結果導致營養失調、貧血、體力衰退，這都不利於懷孕。為了保證身體健康，我們有必要調整自己的生活態度，正確認識「健」與「美」的關係。

其次，創造良好的懷孕環境絕不光是妻子的任務，將要做父親的先生，也應該挑起這副擔子。為了使自己的妻子放寬心，更圓滿地完成懷孕和分娩這樣大的事情，先生必須從身心兩方面給妻子以最溫暖的體貼和最大的支持。

近年來，第一次懷孕的孕婦年齡越來越大，對於胎兒來說，這並不是什麼好

事。當然，即使是高齡產婦，大多數人是正常分娩的，出生的嬰兒也大多是健康的。而且，隨著醫學的進步，高齡產婦分娩時的危險也逐漸減少，嬰兒出世後也能養得很好。

但是不管怎麼說，產婦年齡越大，產道越難打開，難產的可能性也越大，因而不得不實行剖腹生產的可能性也越大。此外，年齡越大，肝臟等器官也開始逐漸老化，體力開始衰退，要承受懷孕這樣大的變化，實在有些吃不消。年齡大了，卵子也會老化，造成染色體異常，這對胎兒顯然是極其不利的。

無論從母親還是嬰兒方面來看，都必須選擇最佳時機懷孕，這樣才可能談到舒適、良好的懷孕環境。這就必須考慮母親的年齡。我們常聽到「先不忙，過幾年再說」這類話，請千萬別忘記，制定妳的家庭計畫時，必須把嬰兒的健康考慮進去。因為，從妳懷孕開始，胎教就開始了。

“先生的職責”

一些男子剛知道妻子懷孕時，會興奮不已，可是到了妻子懷孕四個月以後，一開始的那股激動的勁不知怎麼的，好像都跑到九霄雲外去了。

打麻將、喝酒，有時連著幾天半夜三更才喝得醉醺醺地回家，這種男人不是沒有。妻子的不滿情緒也就從這個時候漸漸產生。「肚子裡的孩子又不是我一個人的，你也應該為我想想！」這麼一來，夫妻開始吵架了。

這種情況實在不該發生，因為如果母親的精神總是處於緊張狀態，嬰兒怎麼可能安定呢？

這不是我們隨口說說，是有科學根據。我們通過超音波可以清楚地看到，夫妻吵架時，當媽媽一生氣，肚裡的胎兒就會隨即做出一些古里古怪的動作。顯然，母親的心情能夠很快地傳給胎兒。這是什麼原因呢？我們都知道，懷孕四個月時，胎兒大腦中心調節本能欲望及心理活動的神經系統都已開始發育。如果這時母親的心緒紛亂、心情不佳，那麼，母親大腦產生的荷爾蒙就會發生變化，它通過母親的血↓胎盤↓胎兒的血液↓進入胎兒的大腦中，使得胎兒的活動發生不正常的變化。

如果妳老是這麼反反覆覆地刺激腹內的胎兒，這種刺激不僅會影響胎兒，還會一直延續到嬰兒出生以後。這很少有例外。我們只需詳細調查一下就會發現，那些明顯與一般孩子不同的站不穩、坐不住的孩子，父母的關係絕大多數都不好。

根據英國婦產科界的研究，如果把母親患高血壓對胎兒造成的壞影響訂為一的話，那麼父母關係不好，經常吵架所造成的壞影響就是它的六倍。做父母的應該記住，自己不恰當的言行，比孕婦本身疾病造成的後果壞得多。

相反的，如果先生盡力幫助懷孕中的妻子——你不能代替她懷孕、代替她生孩子，但你可以關懷、體貼她，使她心情愉快，幫她更好地度過懷孕分娩期。這樣的話，就是你這個做先生的充分履行了自己的責任，和妻子一起對孩子進行胎教。另外，還有一個好處，這溫柔的幫助，會使夫妻感情進一步加深。

不同的家庭各有自己不同的生活方式，幸福的家庭也不見得都是相似的，所以先生幫助懷孕中妻子的方式也是各式各樣。有的家庭中，先生下班後買東西；有的家庭中，先生疊被鋪床、擦玻璃、倒垃圾之類；還有些先生很注意妻子的精神生活，和她一起聽聽音樂，到公園裡遛一遛。

做妻子的也應該明白這個道理，各家有各自的方式，別老看著別人家怎樣怎樣，「鄰居家的先生一到星期日就和妻子到外面去吃飯、散步；可是自己的先生呢？一到星期天就悶在家裡」之類。俗話說：「人比人，氣死人。」老和別人家的生活比，越比越生氣。妳要心平氣和，點心思採用「只適合自己家」的方式，動員先生和妳一起培育腹中的胎兒，讓他為進行胎教出一份應該且能夠出的力量。這對於孩子出生後加強母與子、父與子之間的感情，是極為有益的。

“和胎兒一起旅行”

到了懷孕第六個月，由於母親逐漸適應並習慣懷孕生活，肚裡的孩子也安定了下來，母子倆都不像懷孕初期那麼「神經質」了。但是，到懷孕後期母親的身子越來越沉重，特別是臨近分娩時，孕婦就很容易總是待在家裡不出門活動，這就不好了。應該趁著身體還不那麼沉，還可以活動的時候，換換環境，改善一下自己和孩子的生活，這是非常有必要的。

孩子一落地，當媽媽的就沒日沒夜地忙了。所以趁孩子沒出生時，做先生的就應該盡量讓妻子輕鬆一下，可以想辦法實施一個富於情趣的胎教方法進行一次小小的全家旅行，以此做為送給辛勞的妻子和尚未謀面的孩子的小小禮物。

不要忘了，這次旅行是全家父親、母親和肚子裡的胎兒一起進行，所以，必須事先制定一個計畫，必須保證舒適，使母親和孩子都不覺得太累。

要避開人多擁擠的地方，也不要把行程安排得太緊。對於胎兒來說，空氣新鮮、能令人心情愉快的地方最好，沒必要去很遠的地方，只要母親可以充分地呼吸新鮮空氣，胎兒也可以自由自在、舒舒服服地過幾天就行了。

這個時期的母親一定總覺得餓，吃什麼都香，食欲大得自己都吃驚。一邊吃飯，一邊和先生談談孩子，想像一下未來三口人的生活，食欲還會增大。

不過可別忘記，這次旅行是懷孕中的旅行，安排的內容和懷孕前可不能一樣。要多想想怎麼和腹內的孩子一起旅行得更愉快，要安排一些富於情趣的內容，比如旅行中給孩子取名字，為這次旅行留下美好的記憶。

考慮這次旅行時也不必那麼大費周章，如果不能外出旅行，可以到附近的公園去換一下環境，呼吸點新鮮空氣，甚至可以到書中去「旅行」；回娘家或是到朋友家悠閒地住幾天，對恢復疲勞也是再合適不過的了。三個人的旅行，應該是在什麼地方都可以的。

“他喜歡媽媽溫柔的聲音”

到了懷孕第七個月，胎兒的感覺神經系統已經接近完成；身體也迅速長大起來，已經碰到子宮壁了。胎兒把子宮撐起來，使母親的腹壁變薄，這樣外界的聲音就容易傳給胎兒。

到底什麼聲音能傳給腹內的孩子呢？首先是母親的聲音。日本醫科大學婦產科的室剛教授做過實驗：他把一個微型麥克風放入孕婦的子宮裡，然後讓她說話，麥克風清晰地傳出了子宮內的聲音：腹下大動脈汩汩的血流聲，伴隨它的，就是孕婦本人的聲音。

胎兒出生之前就可以聽到母親的聲音，只是記不住這些話本身，但是，他能記住母親聲音的韻律，那抑揚頓挫的調子。

有一個最有力的證據是：嬰兒誕生的那一瞬間，母親把起勁哭著的孩子抱在懷裡（目的是讓他聽到母親的血流聲），悄悄地跟他說上幾句話，嬰兒就不哭了、就安靜下來了。這幾個例子啟發我們，母親的幾句低語，重新喚起孩子在子宮內生活時的那種安全感。對於剛剛進入這個寒冷的、亮得教人睜不開眼的新世界的嬰兒來說，能聽到母親溫柔的話語，那是比什麼都教人高興的。

室剛教授在研究中確認，新生兒對聲音的反應是由子宮內的血流及母親心跳的節拍決定的。新生兒哭泣的時候，每五十五個孩子中，有四十七個可以用子宮內部的聲音止住其哭泣。當使用聲音稍大些的節拍器時，每五十二個新生兒中就有四十一個哭泣起來。這也就是說，新生兒辨音的能力在母體內就已經具備了。

但是，並不是說新生兒聽到任何大的聲音都會哭起來。即使母親的聲音很高，但是孩子早就習慣了，他聽了也不會表現出什麼不愉快的表情。如果每天讓腹內的胎兒反覆聽幾次飛機的噪音，或貓、狗的叫聲，久而久之，胎兒就記住了大概是個什麼聲音，他也就習慣了。

這顯示孩子在胎兒期和他出生以後的人生經驗有著直接的聯繫。在母親腹內就經常能聽到母親溫柔聲音的孩子，出生以後，對母親的聲音會自然而然地具有親近、安全感，一聽到母親的聲音，他的小臉上就會呈現出一種安詳、溫和的表情。此時，哪一個母親對孩子的愛會不加深呢？所以請妳牢記，在懷孕中，就應該以聲音來建立母子間的感情。

“媽媽吸煙 寶寶難受”

香煙中的一氧化碳對胎兒的影響是極壞的，它使母親輸送給胎兒的血液中的氧氣大大減少，從而使細胞成長緩慢，阻礙胎兒發育。

最近，以超音波做實驗，觀察母親吸煙時胎兒的反應：當母親連續吸完兩根香煙後，透過儀器妳就會看到，開始時胎兒顯得非常興奮，全身亂動一氣；過一會兒，情況就完全反過來了，胎兒活動驟減，好像停滯了一般。香煙的作用顯示出來了——引起麻痺。這時候的胎兒，那艱難而緩慢的動作好像在對母親說：「我真難受呀！媽媽，妳別抽煙了！」

如果妳想要孩子，就一定要想到吸煙會給胎兒帶來氧氣不足，使胎兒痛苦。大部分婦女看到超音波裡胎兒那麼痛苦的樣子，就會想盡辦法把煙戒掉。

但是，我們必須說明，吸煙的危害絕不僅限於懷孕當時。實際上，香煙在母親懷孕之前就威脅著胎兒。當妳從超音波裡看到胎兒痛苦的樣子，從而下定決心戒煙時，已經太晚了。美國醫學雜誌報導過這樣的研究成果：吸煙影響卵子的產生和發育，它是造成女性不孕的一大原因。因此，如果妳想生一個健康的孩子，那麼，從受孕前就得開始戒煙。

母親吸煙固然會對胎兒產生很大的危險，父親吸煙也絕不可忽視。即使母親不吸煙，但如果父親是個煙鬼，屋子裡一天到晚煙霧騰騰，那種危害和母親吸煙是不相上下的。其道理很簡單，一抽煙，尼古丁、一氧化碳、硫化氫等有害物質就會瀰漫在空氣中，滿屋子都是被污染的空氣。母親一呼吸，這些有害物質就會進入母親的肺裡，然後進入血液中輸送給胎兒。所以，為了孩子，父親也應該戒煙。

如果你實在戒不了，也應該在妻子不在一旁時抽，或打開門窗，在開著的門窗旁邊抽。冬天尤其應注意，因為冬天冷，人們習慣關門閉戶，如果在密閉的房間裡抽煙，就會污染空氣。

對胎兒有危害的不僅是吸煙，吸入汽油等揮發性有機溶劑、過量飲酒造成酒精中毒，以及使用迷幻劑、麻醉藥等都有害。它們不僅危害受精前的卵子、精子，而且會影響受精後的胚胎和胎兒的發育。

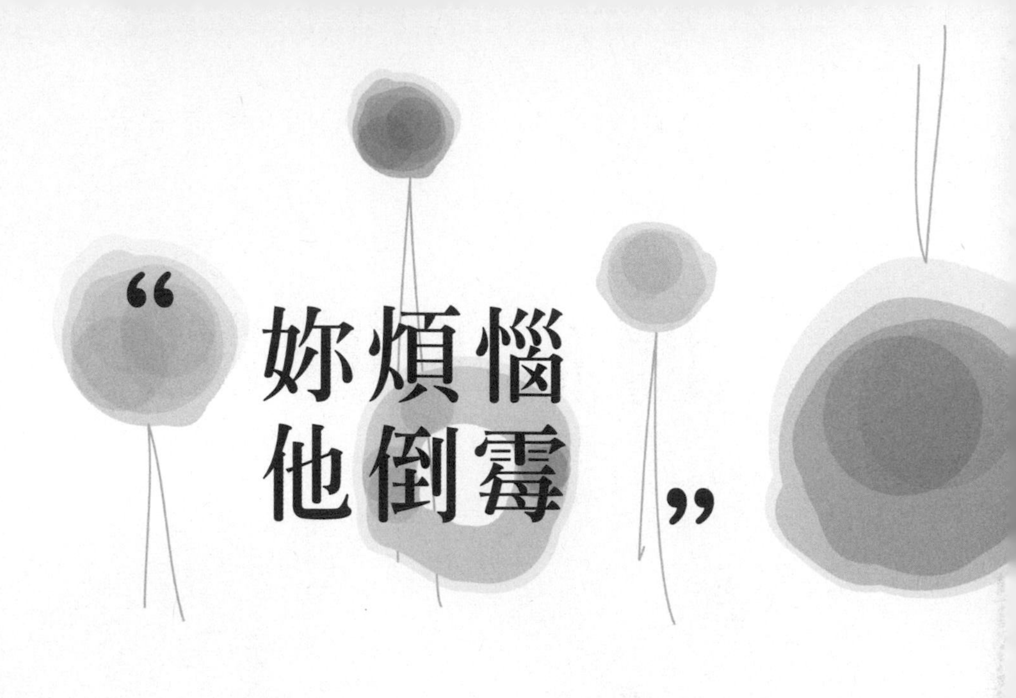

“妳煩惱他倒霉”

胎兒只能依靠母親做出生的準備。培養這小生命光靠食物是不夠的。母親溫柔的心對孩子也是很重要的營養。母親的精神狀態對胎兒有非常大的影響。

有些夫妻一年到頭都在吵架，做妻子的總處於氣憤、煩惱之中，這樣自然會影響胃液分泌、胃腸功能，就不可能有食欲，而要強迫自己吃東西。

若胃腸不能正常工作，食物也不能很好地消化，營養成分幾乎沒有被吸收就排泄出去了。這樣一來，做母親的就不能給肚裡的孩子輸送豐富的營養。懷孕初期的孕婦很容易發火，但妳想要一個健康的嬰兒，無論對先生還是對周圍的人，即使有不愉快的事，也要一笑置之。即使爭吵中妳說的是對的，但也不可能帶給胎兒什麼好處，傳給他的卻是妳的疲勞和煩惱。

平和、寧靜、愉快的心境是獻給孩子的最好禮物，也是提供他豐富營養的可靠保證是胎教的重要內容。

“傳統的胎教”

幾千年前中國就有了胎教。我們的先人們不可能像現在這樣確切了解胎兒的狀況，但他們卻已經知道了培育腹中胎兒的「胎教」。

老祖宗們所施行的胎教裡有這樣的說法：「懷孕時看過火災，出生的孩子身上就有紅斑。」、「孕婦一伸直手臂去取高處的東西，臍帶就會纏上胎兒的脖子」等。這些說法真夠嚇人的；但這只是傳說，並非事實。

「別讓孕婦看到火災」的說法是有意義的。將要做母親的人突然遇到火災現場，一定會受到驚嚇，這種精神上的刺激會導致她腎上腺的功能亢進，從而產生出的荷爾蒙就會對胎兒帶來極壞的影響；而且，這種強制刺激通過大腦，從腦下垂體大量分泌出荷爾蒙，會使子宮收縮，從而發生流產、早產，這樣不幸的事故。所以，孕婦應盡量避免接觸可能受到刺激的事。如果遇上了什麼意外事故，先生、家人或同事、朋友，甚至素不相識的人，都應該盡量幫助孕婦迅速脫離現場，孕婦本人也應該盡量保持鎮定。

另一種說法是「別往高處去取東西」，在今天看來也是有意義的。肚子一天天大起來，行動不方便也不安全，別做危險動作，更別去做危險的事。

事實上，現在的懷孕事故中，不少是受了刺激或做危險動作而引起的。比如說搬家，做為主婦，總得操心費力，即使懷孕中也不能避免。有時一忙就忘了小心，登高爬低地收拾東西，結果摔倒了，或是腹部被碰到了，嚴重的會引起流產。所以，懷孕期的婦女，為了孩子，別冒險，別給自己加重擔子，要保持平和的心境，享受安寧的生活。

這個時期，最需要的是先生悉心的關懷和無微不至的照顧。先生應該讓妻子生活在一個優雅、寧靜的環境中，千萬別給她增加體力上和精神上的負擔。

有些做母親的人會說：「要想生個漂亮男孩，就得天天盯著漂亮明星看。」但妳就是把漂亮明星的照片釘到眼睛裡去，生出的孩子還是像他的父親，這是沒有人不知道的事。

無論是老祖宗的說法或現代的觀點，總有它有道理的一面。總而言之，只要妳在生活上多下點功夫，把妳生活的環境收拾得優美一些，多看些美的、讓人愉快的東西，聽些優美的音樂，賞心悅目，就能使心情愉快安詳，這是最好的胎教。

妳能愉快地度過每一天，幸福安詳地想著妳肚裡的小寶寶，那妳的身體一定會好起來，懷孕對妳再也不會是一個負擔了，小寶寶就能健康茁壯地成長起來。

重視孕婦的精神生活，為她培養一顆母親溫柔、無私的心等說法，在今天還是有其現實意義的。

"奇妙的音樂"

一群孕婦正在熱烈地討論著自己的胎教經驗：

「我肚子裡這孩子挺像我，他也喜歡披頭四的樂曲。本來是一動也不動的，只要披頭四的曲子一開始。他馬上就跟著動起來。」一位孕婦驕傲地說。

「我這孩子喜歡莫札特的樂曲。」另一位附和著。

「難道肚裡的胎兒真能聽到音樂嗎？」一位年輕的孕婦認真起來。她這麼一問，別看剛才大家談得那麼高興，可是現在誰也不肯回答一句：「聽得見！」肚子裡的胎兒真的能聽得見音樂嗎？

現在我們來回答妳：音樂肯定可以傳送到胎兒那裡。前面已經說過，胎兒在母體內能夠記住每天聽到的聲音（血流聲、母親的聲音）。到了第八個月以後，由於胎兒大腦的神經迴路發達起來，而且母親的腹壁、子宮壁都比原來薄多了，因此外面的聲音更容易傳進去，胎兒也更易於聽到外面的聲音。

不過，由於胎兒是在羊水中生活的，這就如同我們在水中一樣，聲音不會聽得太清楚。

聽音樂最適宜。那麼，胎兒喜歡什麼音樂呢？有些婦產科大夫認為聽莫札特的樂曲最好，因為莫札特樂曲的韻律與母親心臟跳動的節拍相似。

北海道的一位婦產科醫生林義夫先生曾以剛開始胎動的母親為對象，召開了數次「胎教音樂會」，目的是考察一下胎兒究竟對何種音樂有反應。調查結果顯示，胎兒喜歡電影音樂。

「胎教音樂會」每週舉行一次，每次為四十分鐘，用電子琴演奏給孕婦們聽。在孕婦聽樂曲的過程中，醫務人員對胎兒的胎動、心律的變化等進行觀測。觀測結果顯示，在四百七十六首曲子中，使胎動次數增多的是《愛的故事》等一些電影歌曲。

我們知道，音樂的三大要素為節奏、旋律、和聲。胎兒即使能聽到音樂，但出生三個月之後都不能理解旋律與和聲，所以確切地說，八個月的胎兒只能感受到節奏。

和母親心臟跳動節奏相似的莫札特的樂曲，可以使胎兒穩定，我們可以稱它為「適合胎教的音樂」。當然，適合胎教的音樂絕不僅限於莫札特一個人。

有些孕婦就有這樣的體會：當聽到她自己最喜歡的爵士樂的時候，腹中的胎兒也有節奏地跳動起來，所以不管是什麼樂曲，只要母親本人喜歡，並且胎兒聽了也愉快即可。要注意的是：選的樂曲是要讓胎兒聽節奏的。

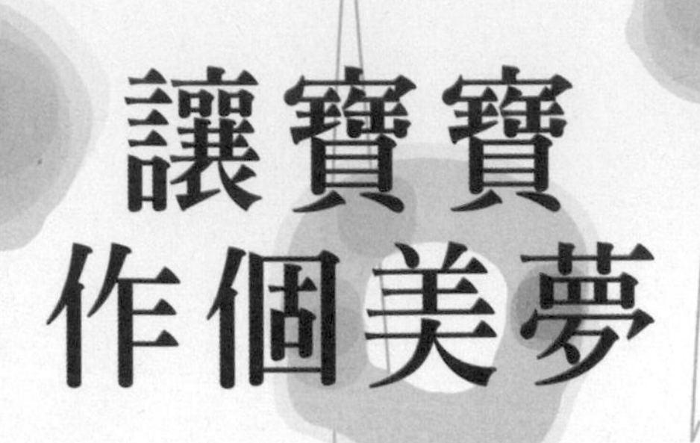

“讓寶寶作個美夢”

胎兒在母體內的時候，就已經開始作夢了。有時候，腹內的胎兒會突然踢母親的肚子，有時又把身體彎曲起來，這些都是胎兒作夢時的反應。

剛出生的嬰兒會像受到驚嚇一樣突然哭起來；有的時候，又一個人微笑。這哭和笑都被稱作原始反應。所謂的原始反應，都是胎兒作夢的延續。

這些是真的還是假的？非常遺憾，誰也記不得在母親肚子裡是否作過夢，因此誰也說不準。但是，懷孕到了第八個月的時候，腹內胎兒的睡眠確實發生了變化，而且此時他睡覺也確實像大人作夢時的那個樣子。

大人的睡眠分熟睡和假睡兩種。大人作夢時，以及幼兒、小學生睡覺時出現的亂吵亂叫、踢被子等種種現象，都是在假睡的狀態下發生。檢驗假睡狀態下的腦電波就會發現，大腦的一部分是接近醒著的時候，這說明這部分大腦仍在工作。

有人對腹內胎兒的睡眠進行過測試，測試對象是出生前二至三週的胎兒。根據這些胎兒的腦電波，可以看出，他們的睡眠也有熟睡和假睡兩種情況。但是，除了這兩種外，胎兒的睡眠與大人還有些不同。

嬰兒的睡眠方式，隨著出生↓出生後三個月↓出生後八個月，這樣的階段變化，漸漸地接近大人的睡眠方式。

剛出生的嬰兒，睡眠中經常動嘴唇，作出吸吮的動作。從超音波中我們就可以看見，胎兒在母體內第二十五週時，就出現了這種動作。到接近出生時，就經常能觀察到這種動作了。

近年來，成人們的生活越來越傾向夜生活，睡得很晚，睡眠時間大為縮短。這種生活方式必然會影響孩子，並且在孩子們身上已經有所反映了。如果孕婦或其先生也這樣，那就更糟了，那樣胎兒就再也別想作美妙的夢了。

所以，母親所有的行為幾乎都會傳給胎兒，母親在懷孕期間一定要好好休息，保持充足的睡眠。

這是你們期待已久的時刻，
也許就在今晚，
一個新的生命即將悄悄地誕生。

分娩

“分娩的準備工作”

在哪裡生孩子

首先要決定的一件事，是妳打算在哪裡生孩子？目前多數嬰兒是在醫院的產房出生。

醫院裡有完整的設備及專業技術可為產婦緩解疼痛，還可觀察嬰兒娩出的進程。分娩後，又可以讓妳在醫院休息三天後才回家。如果妳是第一次做母親，妳會感受到醫護人員的專業照顧。

多數醫院都有舉辦產前訓練，如果妳參加了這些訓練，可能會有機會讓妳參觀一下產房及產科病房，讓妳預先熟悉產後住院的周圍環境。

準備分娩前後的用品

在預產期前一個月左右，就應該檢查一下已為嬰兒準備好的每件東西，並買些食物以及其他的必須用品，以供產後生活所需。把打算帶到醫院去的東西整理打包好。有些醫院會提供妳一份應攜帶物品的清單，甚至列出細目，所以，要按照醫生的清單進行查對。

對分娩有用的物品

以下各種物品是分娩時以及分娩後需要使用的，因為妳可能會在匆忙情況下使用它們，所以最好分開來包裝。

- 寬鬆下垂的T恤或一件舊的睡袍，分娩後妳還需要一件開襟的睡袍或T恤。
- 厚襪子及上衣、長褲。在分娩後，妳可能會感到冷。
- 盥洗用具袋、牙刷、牙膏、唇膏、毛巾、肥皂、衛生紙。
- 產婦用的衛生產墊。
- 還需要下列物品：熱水瓶、為先生準備的食物和飲料、親朋好友們的電話號碼、打公共電話用的硬幣或磁卡、健保卡、媽媽手冊、身分證等。

“嬰兒的誕生”

等到懷孕最後幾週過去，分娩就開始來臨。分娩是懷孕到達頂峰的時刻，所需時間不過數小時，但妳能夠第一個看到自己肚子裡出生的嬰兒。妳不知道分娩將如何進行而會感到興奮和恐懼。如果妳事先做了充分準備，了解在各產程中身體將會發生哪些變化，並且知道怎樣去應付的話，妳就會有信心。

生孩子時，如果妳能保持鎮靜和鬆弛，更可能感到喜悅萬分。在子宮收縮時，以及應付子宮收縮時伴有的疼痛，以前妳練習的鬆弛呼吸技術可幫助妳鎮靜下來，如果妳的分娩過程不像預期的那麼快，妳也不必沮喪。妳可能擔心，自己是否臨產了也察覺不到。這種情況多半不會發生，儘管分娩的最初幾次子宮收縮可能與懷孕最後幾週內出現的子宮收縮相混淆，不過大概還是能夠知道分娩是否已臨近，因為有若干分娩的產兆。

分娩的產兆及如何應付

- **第一個產兆——落紅** 懷孕期內，粘稠的粘液栓子會堵塞子宮頸，在分娩開始前或進入分娩早期階段，帶有血液的栓子會從陰道清除出來。以上情況可能發生在分娩開始的前幾天，所以要等待，直到腹部或背部出現有規律的疼痛時再到醫院。
- **羊膜破裂——破水** 環繞在胎兒周圍充滿液體的囊袋，在分娩期間的任何時候囊膜都會破裂，於是，囊內液體可能突然大量湧出，但因為胎兒的頭部已經進入骨盆腔，阻塞了它的湧出，所以常看到的是羊水慢慢地流出來。這時，應該立刻打電話給醫院或產科護士。即使妳沒有任何子宮收縮的症狀也必須立刻去醫院做檢查，因為羊水破裂後有感染的危險。在此期間要墊上衛生棉以吸收流出的液體。
- **子宮收縮** 開始時好像是純粹的背痛或刺痛，然後往下發生在大腿，隨著時間的進展，子宮收縮可能發生在腹部，更像劇烈的周期性疼痛。當子宮收縮開始規律時，就要記錄其收縮的時間。如果妳認為自己已快要分娩時，就要打電話給醫院的醫生或產科護士。除非子宮收縮發生得極為頻繁（每五分鐘一次），或十分疼痛，否則不需要立刻去醫院。

第一胎產程常常持續十二至十四小時，應該在家中先等幾小時會比較好一些。在四周慢慢活一下，若需要休息就休息一下。如果羊水未破，可以先洗個溫水澡鬆弛一下，或吃一點點心。醫生可能建議妳一直等到子宮收縮十分強烈，並且每五分鐘左右就出現一次時再離家去醫院。

子宮收縮是如何計時的呢？

測定一小時以內子宮收縮的次數，並記錄每次子宮收縮開始和結束的時間。子宮收縮應逐漸增強和更為頻繁，如果已確定即將分娩，每次子宮收縮至少持續四十秒鐘。

出現假痛

懷孕最後期間，子宮出現間歇收縮，醫學上稱之為「布拉克斯頓•希克斯收縮」，這種子宮收縮有時變得較強烈，妳可能會誤認為已進入分娩狀態。但是，真正的分娩子宮收縮發生得很有規律，並且逐漸增強，也更加頻繁，所以，妳應該能夠加以辨別。偶然地發生幾次子宮收縮，然後又消逝，這時妳仍然可以照常活動。

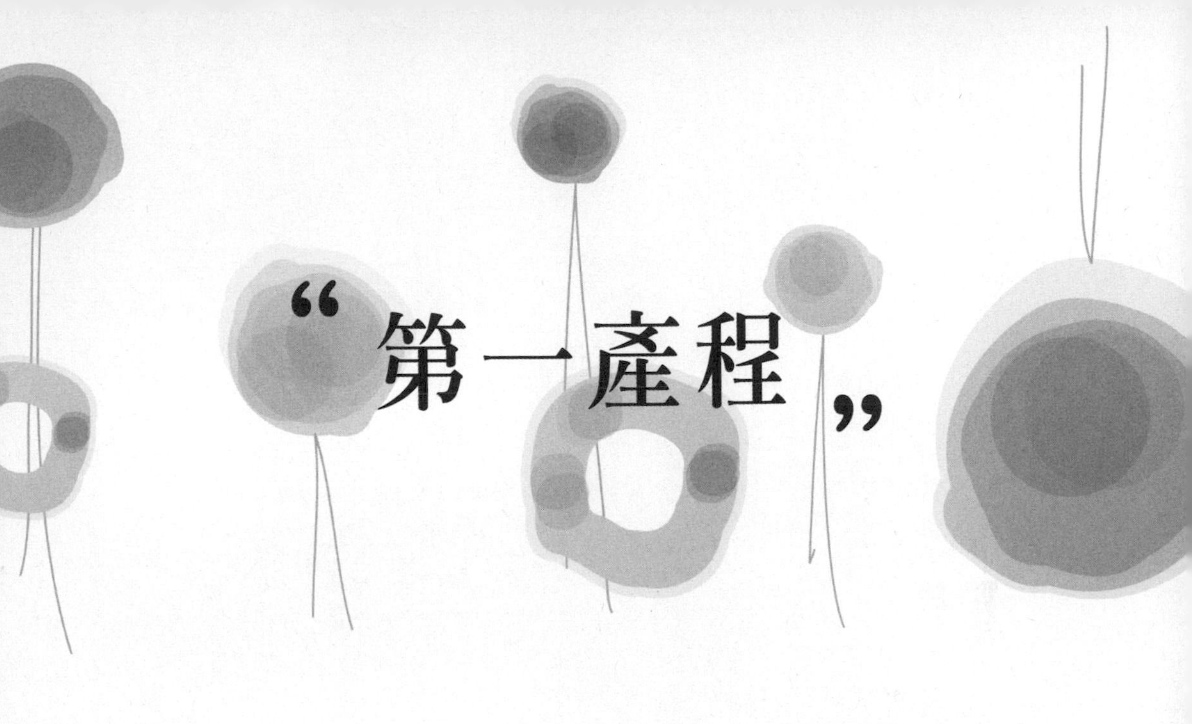

“第一產程”

在第一產程期間，子宮肌肉的收縮使子宮頸張開，分娩時嬰兒經此而娩出。第一胎時，第一產程平均要經歷十至十二小時。

在第一產程的某些時候，如果妳突然感到驚慌失措也不要感到意外。不論是準備做得多麼好，都會出現恐懼感，覺得自己的身體陷入一個不能控制的狀態。所以，妳應該保持鎮靜，盡力適應身體的變化。此刻也是妳最希望能有妳的先生或好朋友在身旁陪妳的時候，特別是如果他（她）懂得有關分娩方面的知識，並且曾接受產前訓練則更好。

在醫院時分娩的手續

❶ 婦產科的護士將核對妳的病歷卡及相關資料，並且向妳詢問：是否已經破水？或落紅？出現分娩的產兆？她還會了解妳的子宮收縮情況，諸如何時開始出現子宮收縮？頻率如何？子宮收縮時有什麼感覺？每次子宮收縮持續多少時間？

❷ 當妳換上醫院的長外衣後，為了嬰兒能順利誕生，醫院會為妳進行各項檢查。產科護士會為妳量血壓、測量體溫和脈搏，並且為妳檢查子宮頸已張開了多少，還要做陰道內診檢查。

❸ 通過腹部的觸診核對胎兒的位置，用胎兒聽診或助音器測胎兒的心搏。

❹ 如果妳的羊水尚未破，則由醫院來決定妳是否需要馬上直接去產房或分娩室（即待產室）。

內診檢查

產科護士會按時為妳進行內診檢查，以確定胎兒的位置，並了解子宮已張開到多大。妳可以詢問檢查的結果；子宮頸不斷擴大會使妳感到鼓舞，但是它擴張的速度時慢時快。

一般是在兩次子宮收縮之間進行內診檢查，所以當妳感到第一次子宮收縮來臨時要告知產科護士，她會指導妳應該如何做。設法盡量放鬆，使不舒適減少到最低限度。

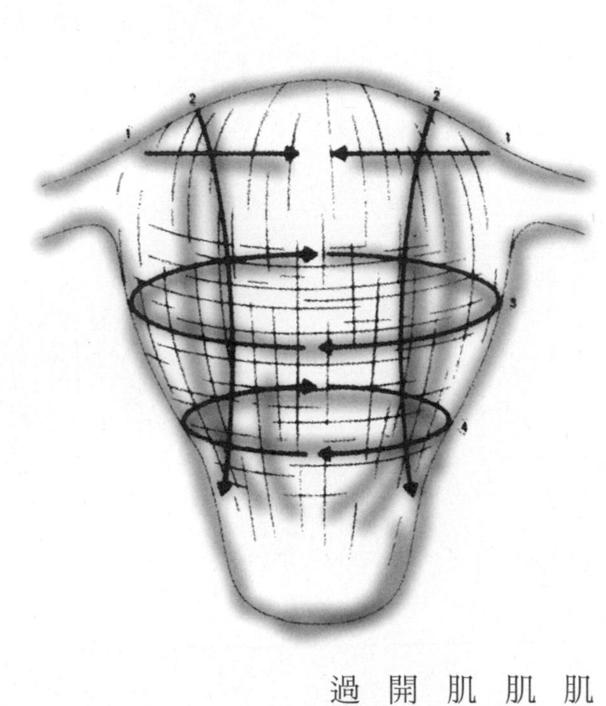

分娩中子宮頸的變化

正常狀態下，子宮頸借助堅韌的肌肉環保持緊閉。其他附著於子宮頸的肌肉向上並繞過子宮。分娩期間，這些肌肉收縮，將子宮頸拉向子宮，然後展開、變薄，子宮頸口張開變大，足夠通過胎兒的頭部。

- 由於荷爾蒙的關係，會使子宮逐漸軟化。
- 緩和的子宮收縮使子宮頸變薄，原有的形狀逐漸消失。
- 一旦子宮頸原來的形狀完全消失，強烈的收縮會使之張開。

保護自己和嬰兒的各種姿勢

在第一產程過程中，可試著用各種不同的姿勢，讓自己舒服一些。預先練習這些姿勢，到一旦需要時，妳就能很容易地隨著身體的自然狀態去做。

在第一產程的某些時候，妳可能想躺下；但要注意：多側臥而少仰臥。

保持直立

在早期子宮收縮期間使自己俯撐在附近的一個平面上，例如：椅子的坐位或醫院的床。根據平面的高低，必要時妳可以跪下。

朝前坐下

面對椅背坐下，把一個坐墊或枕頭放在椅背上方。妳的頭靠在交叉起來的前臂上，保持兩膝分開。妳也可以在椅子的座位上放一個靠墊。

靠在妳先生的身上

分娩的早期，在妳仍可能在周圍活一下的時候，子宮收縮時妳可以俯靠在先生的身上，這樣他就能夠按摩妳的腹部或撫摩妳的兩肩，給妳鼓勵。

身體向前跪著

兩腿分開跪下，身體放鬆朝前傾靠在一塊座墊或枕頭上，盡量做到背部保持平直。兩次子宮收縮的間歇期可側著坐一下。

趴在地上

妳的雙手和兩膝著地，趴在地上（妳可能發現在床墊上會更舒服），來回傾斜妳的骨盆。背部不要拱起。在兩次子宮收縮的間隙，身體放鬆，重心向前移，把頭放在兩臂上休息。

先生能做些什麼

在妻子子宮收縮時多給她一些鼓勵、安慰以及支持。如果她變得無理取鬧地生你的氣，也不要介意。因為此時的她沒有你不行。

提醒妻子做一做學過的鬆弛肌肉，以及拉梅茲呼吸技巧練習。

擦去妻子額頭上的汗，給她喝一點水，握住她的手，幫她按摩背部，建議她調換一下姿勢，或做些對她有幫助的任何其他的事。在做這些事之前，最好先弄清楚她喜歡用哪種形式靠著你和喜歡怎樣的按摩。

在妻子與醫院工作人員之間，你算是中間人，有你站在身邊，她會覺得疼痛緩解許多。

背痛性分娩

當胎兒面對妳的腹部，而不是背對妳的腹部時，他的頭會壓迫妳的脊柱而引起背痛。減輕疼痛的方法有以下幾種：

1. 子宮收縮期間，保持雙手和兩膝著地的姿勢，向前屈身支撐著體重，這樣胎兒的體重就不會壓迫妳的背部，也可來回擺動骨盆。在兩次子宮收縮間隙就可以在周圍活動一下。
2. 請先生按摩妳的背部。子宮收縮間歇期間，用盛有熱水的玻璃瓶壓緊妳的脊柱。

自我幫助減輕疼痛的方法

子宮收縮間歇期間保持活動，這會幫助妳對付身體上的疼痛。子宮收縮期間採取妳認為最舒服的姿勢坐或站。設法盡可能地保持直立，這樣胎兒的頭就能穩固地頂在子宮頸上，促使子宮收縮更有力，並且對子宮頸的張開也更有效。

集中精力於自己的呼吸，使自己平靜，並且盡量不去想子宮收縮。

在兩次子宮收縮的間隙要放鬆，以節省體力到需要時使用。

借助呻吟、嘆息、呼吸法等，減輕疼痛。

注視於某個固定的地方或事物，以幫助自己忘掉子宮收縮這件事。

從第一次子宮收縮後，不要想接下去又會有多少次子宮收縮。或許妳可以把每次子宮收縮視為浪濤，越過這些浪濤後就可以得到心愛的嬰兒了。

要經常排空小便，使漲滿的膀胱不致占據應屬於胎兒的空間。

第一產程的呼吸

在一陣子宮收縮的開始和結束時，要用深而均勻的呼吸，經由鼻子吸入並從口呼出。在子宮收縮頂峰時，試用輕微而淺的呼吸，吸入或呼出都應經過口腔。這種呼吸不要進行太長時間，因為妳會感到頭暈。

“過渡的產程”

分娩過程中最困難的階段是在第一產程結束的時刻，這時子宮收縮最強烈。每次大約持續片刻，兩次子宮收縮之間也只有很少的間隔時間。也就是說，一次子宮收縮後只有短暫的休息，接著即出現下一次的子宮收縮。這個階段常持續半小時左右，稱之為過渡時期，妳會感到疲倦、沮喪，並且痛得兩眼淚汪汪。在兩次子宮收縮之間妳可能失去一切時間觀念，並且會打瞌睡（因為體力大量消耗），也常出現噁心、嘔吐以及顫抖。

最後，妳就會有一種強烈迫使嬰兒娩出的欲望。如果妳過早向外用力推出嬰兒的話，可能會造成子宮頸的腫脹，所以，在妳準備用力使嬰兒娩出時，要告訴產科護士，她會幫妳做內診檢查，確定子宮頸是否已經全開。

產科護士如果告訴妳子宮頸尚未開全，妳可以跪下並向前傾斜，把頭支撐在兩前臂上，臀部儘可能翹起。

這姿勢會減低妳極力想娩出嬰兒的不可自我控制的欲求，並使妳用力推出嬰兒的 作變得困難。

先生能做些什麼

設法使妻子放鬆、鼓勵她，並且幫她擦去汗水，如果她不希望你觸碰她，你就照辦，但要站在她身後。

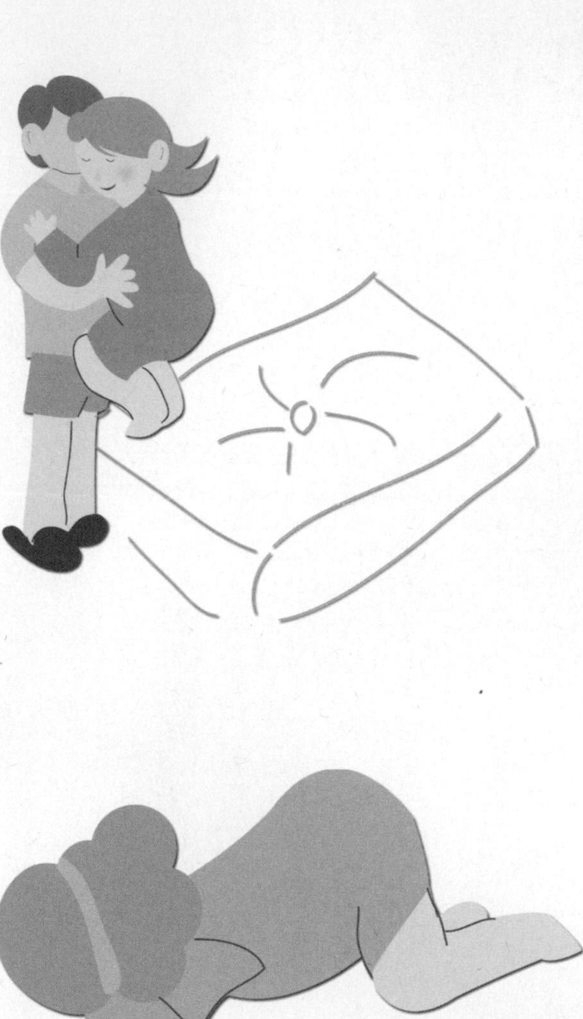

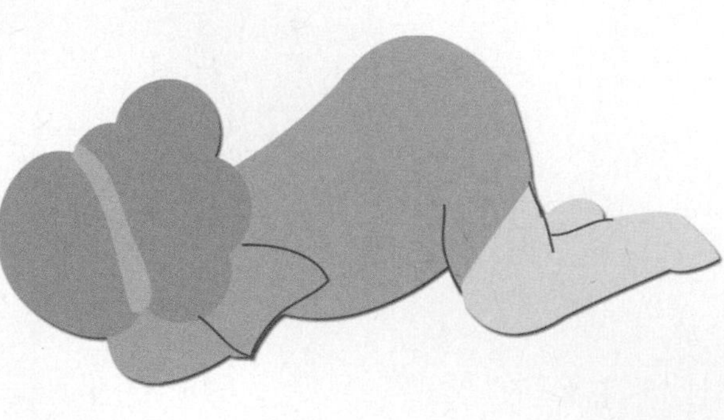

整個子宮收縮期間和她說些甜蜜的悄悄話；如果她開始發抖，幫她穿上厚襪子，並緊按她的雙腿；如果她想用力推出嬰兒時，應立刻告知產科護士。

過渡產程的呼吸

如果還沒有到要推出嬰兒時，就要採取「ha！ha！hu——！」的呼吸方式，即兩次短的吸氣，跟著一次較長的呼氣。當向外推的動作已受控制時，做一次緩慢而均勻的呼氣。

分娩中的子宮頸變化

張開至七公分時，產科護士可以觸摸到子宮頸環繞著胎頭，並向外擴展得很好。當產科護士觸摸不到子宮頸時（大約十公分），表示它已開全。

“紓解疼痛”

雖然分娩一般不會無痛，但疼痛卻是為了一個目的，就是每一次子宮收縮，都將妳身為「媽媽」的神聖使命更向前推進了一步，使妳更接近分娩的頂峰——嬰兒的誕生。妳是否需要緩解疼痛大部分取決於妳的分娩情況，以及妳應付疼痛的能力。妳可能採用自我幫助的方法就足以對付了，如果妳企圖對抗疼痛，它往往反而加重。但是如果疼痛程度已超過了妳所能忍受的範圍，即可請求產科護士幫助妳減輕疼痛，不要認為這是失敗。

硬脊膜外麻醉止痛法（無痛分娩）

硬脊膜外麻醉是以麻醉劑使身體下半部的神經處於暫時無感覺狀態，從而使疼痛得以緩解。這種方法對於背痛性分娩效果特別好；但並非所有的醫院都可提供硬脊膜外麻醉的方法。

硬脊膜外麻醉必須慎重地選擇好施行的時間，使效果在第二產程時消退。另一方面，妳將用較長時間才能把嬰兒推出，這會增加採用會陰切開術及產鉗助產的可能性。

- **麻醉手術的準備** 麻醉的手術大約需要二十分鐘可以完成。這會讓妳把兩膝提起靠近胸前，使身體蹺曲成球狀，這樣能使背部盡可能保持弧形。
- **進行麻醉** 將一個空心針頭從妳的脊椎骨之間經皮膚刺入硬脊膜外間隙，再把一根細的導管穿過空心針頭並將局部麻醉藥直接注入。麻醉藥經導管注入背的下部；導管留在原處，以便在有需要時，就可由此導管加入藥物。大約兩小時左右，麻醉藥的作用即消退。同時還要幫妳從臀部進行靜脈滴注，並繼續監護，所以活動會受到限制。
- **效果** 如果硬脊膜外麻醉發揮了作用，妳應感覺疼痛減輕或無痛，並且不影響妳的意識，生產過程所發生的一切事情妳都會知道。麻醉效力消失後，有些產婦會感到軟弱無力，頭痛的症狀可能要持續幾個小時，並且數小時內兩腿還有沉重感，但這個麻醉方法對嬰兒沒有影響。

氣體吸入止痛法——氣體及空氣

使用氧氣和一氧化氮的混合氣體，它使妳感到愉快而達到緩解疼痛的目的，適用於第一產程的後期。

- **怎樣進行** 妳吸入的氣體要經過手握式面罩，面罩通過一條管道與圓形氣罐連接。約半分鐘左右，氣體才能到達高峰，所以，在第一次子宮收縮開始時，妳需要做幾次深呼吸，將混合氣體吸入。
- **效果** 這個方法只能減輕疼痛，吸入氣體時，妳可能會感覺到頭部輕飄飄或不舒服。但這個方法對嬰兒沒有影響。

“產程監護法”

在整個分娩過程中，胎兒的心跳始終應受到監測，這樣胎兒因窘迫而出現任何現象時都能盡早地發現。可用胎兒聽診器、助聲器或選用電子監測儀進行監測。

胎兒聽診器或助聲器

在分娩過程中，產科護士將器具放在妳的腹部上面，間隔一定的時間，測聽胎兒的心跳。

電子胎兒監測

電子胎兒監測是採用精密的電子儀器，記錄分娩過程中胎兒的心跳，以及產婦子宮收縮的一種方法。有些醫院在產婦分娩過程中，用它作為常規的監測；有些醫院則間隔使用，但有下列情況時應常規使用：

- 妳是引產分娩。
- 妳接受硬脊膜外麻醉。

• 妳出現了會使妳或胎兒產生危險的問題或情況。
• 在胎兒處於危險的時候。

電子胎兒監測法是無痛的，並且分為「外部」及「內部」兩種監測，但卻限制了妳的活動自由，可能會使妳感到子宮收縮更不舒服而使產程變慢，還可能增加胎兒危險。因此，如果沒有使用電子胎兒監測的理由，但醫生或產科護士卻建議妳繼續用此法監測時，妳可以向他（她）們詢問使用的原因。

外部監測時，醫院將安排妳坐或躺在醫院的床上，並用幾個枕頭支撐妳的身體，把兩個探頭用皮帶束在妳的腹部，測量胎兒的心跳以及妳的子宮收縮。測得的結果則打印附在儀器的紙上，顯示出來。

在分娩的稍後階段，當羊膜已破，羊水流出後，也可以採用內部監測將一像電流導線置於胎兒的頭上，另一條導管放入子宮腔內測量胎兒的心跳及子宮收縮強度。這是監測法中最準確的一種，比使用體外探實監測的方法更舒服。但缺點是：連接電極有傷害胎兒的頭皮可能。

部分醫院通過無線電波使用遙控系統進行監測，稱為遙測技術。其優點是妳不需要連接著一台大機器，所以待產時妳能自由活。

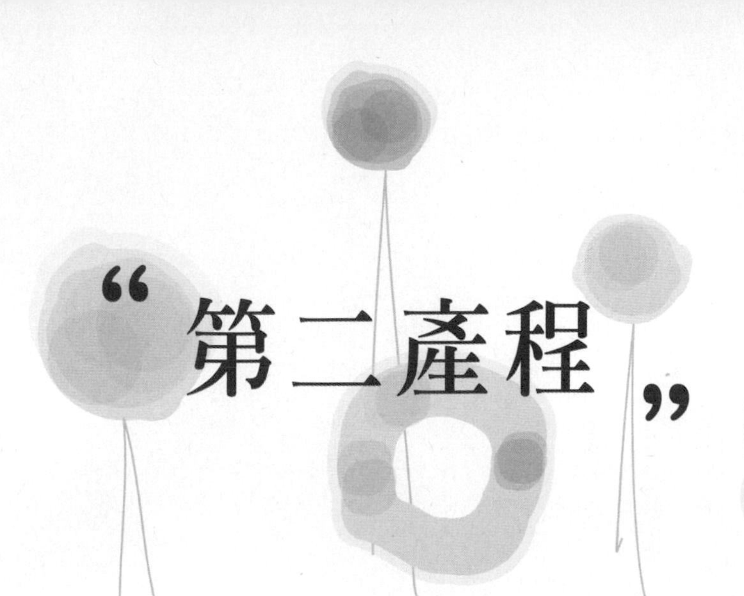

“第二產程”

一旦子宮頸全開，並且妳能夠用力將嬰兒向外逼動時，表示第二產程已輕開始。現在妳的任何努力都會遠較第一產程更有效，妳可以盡自己的努力配合子宮出現的強力收縮，幫助嬰兒向外逼出。

即使這一階段的子宮收縮比第一產程更強烈，但不會感到像以前那麼不舒服。將胎兒向外推 是很辛苦的，但產科護士會和妳的先生或陪伴的親友一起幫妳找到最舒適的姿勢。她還會給妳指導和鼓勵，以便在最需要時，使妳能很好地用力。此時，妳可以從容享受將嬰兒慢慢推出的快感。一般來說，第一胎的第二產程大約持續一個小時左右。

臨產時的姿勢

當可以開始用力時，盡可能使身體與地平面保持垂直，這樣地心引力有助於分娩順利進行；而不要採取逆地心引力的姿勢。

蹲坐式

蹲坐式是最好的一種臨產姿勢，可以使骨盆充分張開，並且利用地心引力幫助把胎兒推出。但是，除非妳事先對蹲坐有過練習，否則蹲一會兒就會感到很累。

扶持的跪式

跪式比蹲坐式會少些疲勞感，並且對於妳用力推出胎兒時是一個很好的姿勢。在妳的左右兩側各有一個人扶著妳，使妳更穩固。或者妳會發現，雙手和兩膝同時著地的跪姿可能舒服些；若是採用此種姿勢，則要保持背部平直。

直立的坐式

直立的坐式是一種常見的分娩姿勢。坐在床上背部用枕墊撐起，保持額部下垂，當妳向下用力時，兩手抓住大腿的下面。在兩次子宮收縮的間隙，可以背部放鬆，並往後靠在背後的枕墊上。

先生能做些什麼

在兩次子宮收縮之間設法使妻子放鬆，並且繼續給她鼓勵和支持。

當嬰兒的頭露出時，可以把自己看到的情況告訴她；但是分娩過程中，如果她沒有注意到你，也不必覺得意外。

自我幫助的方法

子宮收縮期間，要緩和且平穩地用力向外推出。設法放鬆骨盆底的肌肉，這樣妳會感到自己好像完全處於鬆弛狀態。如果流出一些糞便，或漏出一點尿液也不要為此擔心，這是常見的事。

在兩次子宮收縮之間，盡可能多休息以節省體力，這樣妳就可以把所有的力氣用到將嬰兒向外推出的動作上。

第二產程的呼吸

當妳想用力時（在子宮收縮期間，會發生數次想用力推出胎兒的情況），如果覺得有幫助，就做一次深呼吸，並在妳能忍受的時間範圍內休息一會兒。在兩次推出動作之前，做幾次平穩的、可幫助鎮靜的深呼吸。在子宮收縮消失時慢慢地放鬆，這樣才能保持體力，等待胎兒娩出的進程。

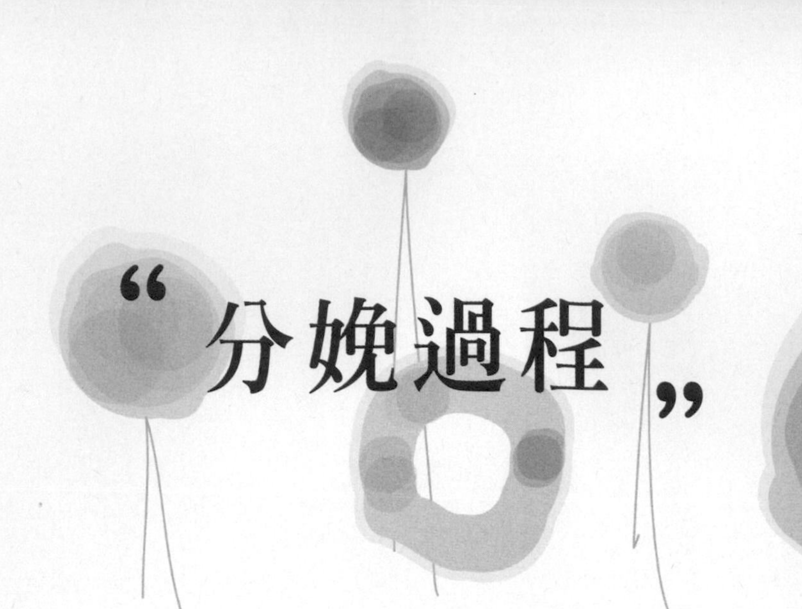

“分娩過程”

分娩的高峰期已降臨，妳的嬰兒即將出生。當胎兒的頭露出後，因為妳能摸到他，並且不久以後又能擁抱他，所以這是十分令人興奮的時刻。分娩後，妳可能有一種明顯的輕鬆感受。然而，面對剛生下的嬰兒，妳也可能覺得驚奇，並流出歡樂的淚水，或有一種極為親切的感受。

「我非常擔心，在分娩時我身體將會受到損傷。請問會有這方面的危險嗎？」

當妳用力向外推出嬰兒時，妳的身體並不會受到損傷。因為陰道壁是有彈性的，並且充滿可以伸縮的皺紋，它能擴展到足以讓嬰兒通過的程度。

分娩過程

❶ 胎頭移動到接近陰道口，直到最後，妳的先生能看到外陰和肛門部位，由於胎頭壓迫骨盆底而顯得膨出，不久就會看見胎頭。胎頭隨著每

次子宮收縮向前移動；當子宮收縮消失時，可能又會稍向後滑回少許。如果出現這種情況不要洩氣，這是正常的。

2

當胎頭的頂部可以看見時，接生的醫生將告訴妳不要太用力，因為如果胎頭娩出太快，妳的會陰處的皮膚可能會撕裂，所以要放鬆，用幾秒鐘喘喘氣。如有嚴重撕裂的危險，或胎兒處於危險時，妳將要接受會陰切開術。當胎頭擴張陰道口時，妳會有刺痛感，隨之而來的是麻木感，這是因為陰道組織纖維擴張得很薄時，阻滯了神經的傳導所造成的。

3

嬰兒頭部娩出時在正常情況下，嬰兒的面部朝下。接生的醫生可能要將嬰兒的頭部轉向一側，使得頭與兩肩保持在一條線上。

❹ 在緊接著下來的兩次子宮收縮期間，嬰兒的身體就會滑出母體。通常接生的醫生會將自己的手放在嬰兒的腋窩下扶出，並放在妳的腹部，這時嬰兒還連著臍帶。起初嬰兒看起來有點兒發青，皮膚上被覆著胎脂，並有血液的條紋，會哭，膚色很快會轉成紅潤。嬰兒產出後，產科護士會立刻清潔嬰兒的兩眼、鼻子、口腔，如果有需要，產科護士還會把嬰兒呼吸道中的液體吸出。如果嬰兒的呼吸正常，可以立刻讓妳抱住，並摟在懷中。

❺ 第三產程：嬰兒娩出後，子宮收縮短暫停歇，大約相隔十分鐘，又會出現相對無痛的子宮收縮以排出胎盤，這就是第三產程。在分娩時，或剛剛分娩後，醫生或產科護士可能會在妳大腿處注射麥角新鹼。本藥有加強子宮收縮的作用，

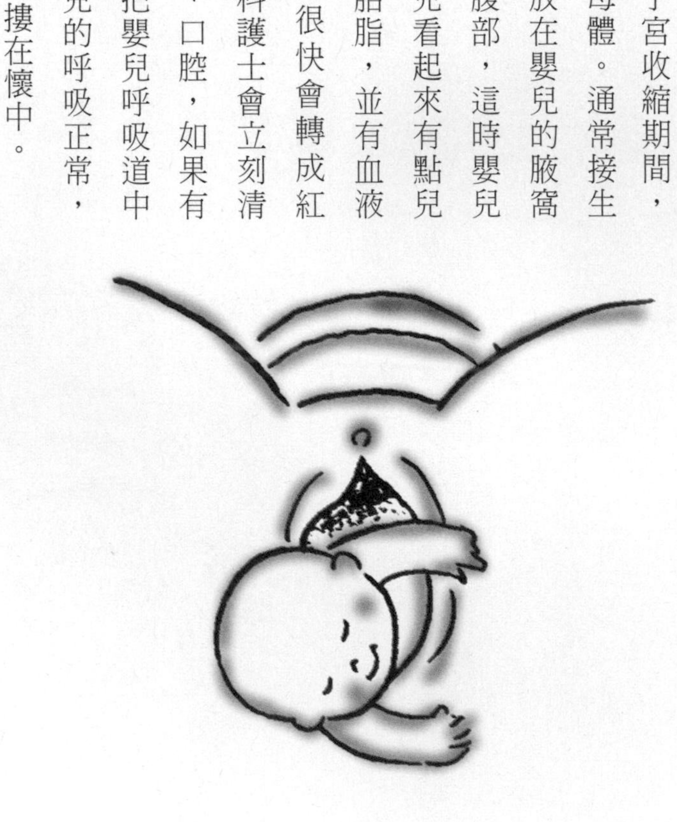

胎盤幾乎立刻就會娩出；否則如果完全等待胎盤自然排出，妳可能會流失更多的血。

為了幫助胎盤的娩出，接生的醫生會將一隻手放在妳的腹部上面，另一隻手輕輕地拉臍帶，以幫助胎盤與子宮脫離。

⑥ 分娩以後：如果外陰有裂口，需要做局部縫合，接生的醫生會幫妳進行縫合。產科護士將為嬰兒秤體重及測量，還會很快地將嬰兒的身體檢查一遍。可能會為嬰兒注射維生素K，以預防少見的出血性疾病。分娩後不久，就要把臍帶夾住並剪斷，如果已注射麥角新鹼，更要這樣做。

給新生兒評分

在產後六十秒內，產科護士對新生兒的呼吸、心率、皮膚的顏色、活動力，以及對刺激的反應能力等進行測量，並且給他一至十之間的一個新生兒評分。

此次，大多數新生兒的得分在七至十之間，五分鐘後再重測一次；所以，即使第一次的得分較低，第二次的得分也應該有所提高。

特殊的處理方法

會陰切開術

會陰切開術，是在會陰處做一小切口以使陰道口加寬，從而防止會陰的撕裂。有些醫院進行這項手術的比例要高於其他醫院，所以妳可以向一位容易接近的產科護士詢問，先了解一下關於妳所住的醫院對此手術的傾向意見如何。

為避免會陰切開術或會陰撕裂，要做到以下幾點：

- 學會如何使骨盆底肌肉放鬆。
- 分娩時保持直立體位（即產道與地平面保持垂直）。

何時適用？

以下情況適用會陰切開術；

胎兒是臀位，早產兒、胎兒有危險，或是個大頭的胎兒；妳需要輔助分娩；妳在控制自己的逼出動作上有困難；陰道口周圍的皮膚擴展得還不夠。

怎樣進行？

注射局部麻藥使會陰部失去知覺，在子宮收縮到高峰時，從陰道口處對會陰作一小切口，通常切口在正中線或微向外側方向傾斜。有時來不及注射麻醉藥，但是由於會陰處的組織已伸展得很薄也會沒有知覺，所以妳不會感到任何疼痛。

會陰切開手術後或會陰有撕裂時都需要縫合，因為有皮膚和肌肉等不同的組織層次，所以要仔細地將同一層縫合在一起。這也可能會感到疼痛，如果有需要，可要求再增加一些麻醉劑。縫線是肉線，不必拆線。

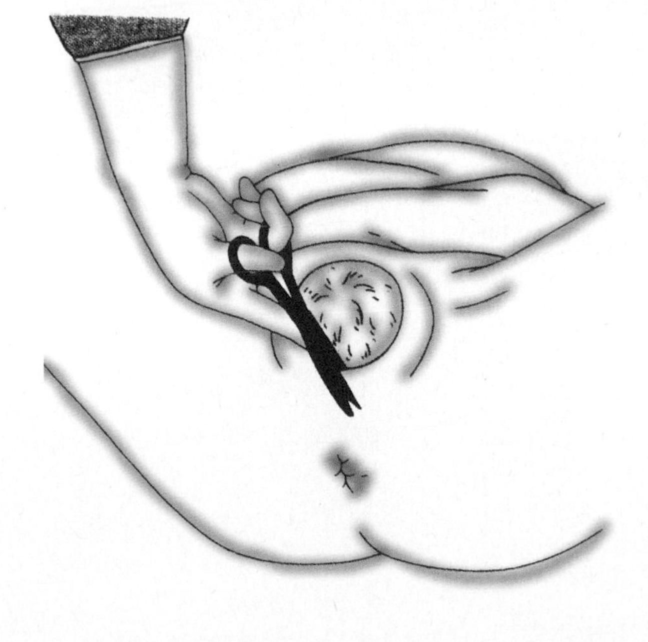

效果

會陰切開以後有些不舒服及疼痛是正常的，特別是如果發生感染，疼痛會加重。在五至七天以內傷口就會癒合，如果兩週過後仍感到疼痛就要看醫生。一般而言，撕裂的傷口疼痛較輕，但可能較不整齊。

輔助分娩

有時要用產鉗或真空吸引器幫助胎兒娩出，稱為輔助分娩。

產鉗只適用於子宮頸已全開，而且胎頭雖已進入骨盆並稍有下降，但未能繼續下降者；真空吸引的方法則偶爾用於子宮頸尚未全開以前，第二產程因進展遲緩而延長的情況。

何時適用？

如果出現下列情況時，需要輔助分娩：

- 妳的逼推力不夠，不能把胎兒娩出，或許因為胎兒有個大頭。
- 分娩期間，妳或胎兒表現出危險的現象。
- 胎兒是臀位或早產兒，產鉗可以保護胎兒的頭，使其在產道中不受任何擠壓。

怎麼進行？

- **產鉗** 先在妳的骨盆底注射局部麻醉藥，然後作會陰切開術。醫生把產鉗的兩個夾葉適當地分別放在胎兒頭部的兩側，並且輕輕地往外拉，使頭部娩出。妳可以用力向外逼推幫助胎兒前進，以便醫生用產鉗環抱住胎兒的頭部，保護胎頭免受擠壓和損害。
- **真空吸引** 將一個連接真空機的小金屬吸杯或矽膠吸頭放進產道，並緊吸住胎頭，向外牽引。當妳用力逼推，胎兒受到吸杯的牽引，會逐漸地通過產道而被拉出。

效果

在嬰兒頭部的兩側會留下產鉗壓迫的印記或出現青腫，但這些是無害的，並在幾天內就會消褪。

真空吸杯會在嬰兒的頭部造成輕度腫脹，稱為產瘤，會逐漸消退。

引產（催生）

如果妳決定引產，就意味著用人工的方法開始分娩。分娩過程若是進行得緩慢，也有一些方法可以加速分娩。醫院對於引產的規定各處都不一樣，所以妳要查問清楚，妳要去的醫院需要等多久才能引產或催生。

何時適用？

如有下列情況可採用引產：

- 已過預產期兩週以上，並且胎兒可能有危險，或胎盤功能開始老化。
- 因為妳患有高血壓或其他疾病，或其他情況，以致妳或胎兒處於危險之中。

怎樣進行？

引產要預先做好計畫，因此院方會要求妳要提早住進醫院。引產方法有三種：

前列腺素陰道栓劑

沒有人確切知道分娩開始的時間，但前列腺素在其中扮演一定的角色。為了引產的目的，採用含有前列腺素的、由不同荷爾蒙組成，對懷孕的子宮有作用的陰道栓劑或凝膠。

通常在晚間把上述陰道栓劑或凝膠塞入陰道內，到隔天早晨在無需任何手術情況下便可分娩。這種技術看來是最令人滿意的方法，因為妳無須靜脈滴注，也可以自由地來回走動。

人工破膜法

此法簡稱「ARM」或「羊膜穿破術」，這是在臨近正常分娩期進行的引產法。由於一旦破水就有感染的危險，因此，必須在二十四小時內分娩，所以，如果羊膜穿破術未能充分地引產，妳將需要進行其他的引產方法以加速產程，這就是通常所說的：「產素滴注」。

羊膜穿破術的做法，是用一把鑷子或像鉤針一樣的器械探入陰道內，並在羊膜上穿刺一個小洞讓羊水溢出。對大多數產婦來說，這種手術是無痛的，因為胎頭不再有東西墊壓，緩衝了胎頭對子宮的力道，卻反過來硬頂壓著子宮刺激子宮收縮，所以通常在做過人工破膜之後，分娩的過程迅速達到高潮。

目前羊膜穿破術常常用於臨產。如果羊膜不穿破，便要到第一產程後期才能破水；其兩個主要的不利因素是，分娩變得強烈而快速，並且如果胎兒的臍帶環繞著頸部，羊水的流失會使之增加壓力，會影響通過臍帶至胎兒的血流。

人工破膜法除了是一種引產方法以外，在破水後可以把電極附於胎頭以監測胎心音。如果胎兒心率慢，可以檢查羊水內有無胎便——胎兒第一次大便的痕跡。如果有上述情況出現，可能表示胎兒處於窘迫狀態。

催產素引產

「催產素」是從腦下垂體後葉分泌的荷爾蒙，有促進分娩的作用。因此，人工合成的催產素可以使分娩開始，並維持產程的進行。

催產素的給藥方法：如果採用「催產素靜脈滴注」，可請求醫護人員把輸液針頭插入妳的手臂血管裡，輸液管要長一點，這樣儘管妳是躺在床上，也有更多的範圍可以活動了。如果妳迅速的進入即將分娩和子宮頸半開時，滴注就可調節得慢一點。妳臂上的輸液針要等到產後才可拔去，因為子宮需要保持收縮以防止出血。

在催產素滴注狀態下，子宮收縮往往更強而有力、時間更長和更疼痛，在子宮收縮之間鬆弛期更短暫。在每次強烈子宮收縮中，供應子宮的血液暫時被阻斷，如果刺激過度，收縮太強可能對胎兒有害。目前產科醫生認為，只有少數的分娩需要用催產素引產。

效果

陰道藥栓的方法效果較佳，常常可以避免人工破膜，並且產婦也可以在周圍自由活。採用靜脈滴注荷爾蒙的方法，會使子宮收縮更強烈、更覺疼痛，並且子宮收縮的間歇期也要比自然開始的分娩短暫，靈活性也受到限制，但由於採靜脈滴注，較易控制用藥量；過度刺激時，將點滴暫停即可停止給藥，因此也有它的優點。

臀產

臀位胎兒，是由臀部首先娩出的產位，在一百個胎兒中，大約有四個是臀位。由於身體最大的部分（頭部）要在最後娩出，所以懷孕後期需要用超音波進行測量，以記錄胎頭的大小，確認母親的骨盆足以讓它通過。

臀位胎兒的分娩過程可能較長並且更加困難，所以一定要在醫院分娩。要做會陰切開術，並且常會使用產鉗；偶爾也需要進行剖腹生產手術（譬如頭胎的臀位），有些醫院對所有臀位胎兒都用剖腹生產手術分娩。臀產胎兒的臀部先娩出，然後是兩腿；在胎頭娩出前，將會作會陰切開術。

雙胞胎

雙胞胎的分娩必須在醫院裡，因為有時需要用輔助分娩，或兩個胎兒是早產；或雙胞胎中的一個胎兒是臀位等；也可能需要接受硬脊膜外麻醉。

雙胞胎分娩時只有一次第一產程，但有兩次第二產程，因為第一個嬰兒娩出後還要娩出另一個。在第一個嬰兒出生後，通常要相隔十分鐘以上，第二個嬰兒才會娩出。縮短間隔時間，對第二個嬰兒較安全。

剖腹生產手術

採用剖腹生產，即嬰兒是從腹部娩出。妳可能事前就知道自己要接受剖腹生產手術，或在分娩過程中，由於出現了問題而要採取緊急的手術。如果是計畫好的剖腹產，妳會在半身麻醉下接受手術，所以全部過程妳都保持清醒，產後並能立刻抱住自己的嬰兒。如果在分娩中臨時告知妳需要緊急手術，這也是有可能的，但有時需要全身麻醉。

手術怎樣進行？

先為妳剃除陰毛，滴注用的針頭插入前臂靜脈內，從尿道口插進導尿管連至膀胱，為妳進行麻醉。如果採用的是半身麻醉，在妳面前和手術醫生之間會放置一塊隔屏布幕。不管肚皮的切口是直的或橫的，通常子宮切口是採取橫向的，產科醫生先排羊水，用手或借助產鉗或真空吸引即可將胎兒娩出。當娩出時，妳就可以抱嬰兒了。手術開始到胎兒娩出一般大約需要五分鐘，以後要花費三十到四十分鐘左右進行各組織層的縫合。

手術後

手術後隔天，醫生就會鼓勵妳下床行走，產後幾天內切口處是疼痛的，妳可要求止痛。

做一個健康美麗的媽媽，
讓先生愛妳如最初。

產後

PART 5

分娩當天

◆ 身體復原狀況

子宮在臍下二至三橫指處，經產婦（第二胎以上）可能會發生產後痛。

◆ 生活要點

首先保持安靜，臥床排尿、排便，請產科護士幫助。

◆ 注意事項

- 產後出血。
- 充分休息。

◆ 嬰兒

出生，體溫從39℃降至35℃；送新生嬰兒室；有時須短暫保溫；分娩後的啼哭。開始嘗試哺乳（若母嬰同室）。

產後第一天

◆ 身體復原狀況

- 子宮高度平臍（子宮底部在肚臍位置）。
- 體溫在37℃左右。
- 惡露呈血性粘液狀、量多。

◆ 生活要點

- 躺著進行乳房按摩。
- 儘量依嬰兒需求為嬰兒哺乳（練習）。

◆ 注意事項

- 凡事不勉強自己。
- 充分休息睡眠。
- 六至八小時以上沒有排尿的人，需要進行導尿。
- 因出汗量增加，要經常擦洗身體。

◆ 嬰兒

（此部分內容請參考「產後第二天」）

產後第二天

◆ 身體復原狀況

- 排出大量血性惡露。
- 開始分泌乳汁。

◆ 生活要點

- 可在醫院內走動，以不疲勞為限。
- 可以淋浴。
- 學習換尿布，自己試換。
- 給嬰兒餵乳。

◆ 注意事項

- 會陰縫合的人要保持局部清潔。
- 處理惡露要衛生清潔。
- 若二至三天沒上過大號，要進行灌腸通便。
- 減少探視。

◆ 嬰兒

- 經過四十八小時，此時呼吸系統、循環系統已適應了體外生活。
- 二十四小時內排出出生後的第一次大小便。
- 睡在嬰兒室裡。若母嬰同室，需要時送回嬰兒室觀察。
- 可以看到有食欲感。
- 觀察新生兒特有的各種反射動作。

產後第三天

◆ 身體復原狀況

- 乳汁增多，未適時排空可能出現乳房發脹。
- 會陰縫合處疼痛感改善。
- 子宮底降至肚臍與恥骨的中間部位。
- 褐色惡露持續，但量開始減少。
- 腹部皮膚明顯鬆弛。
- 懷孕線、靜脈瘤顏色開始變淡。

◆ 生活要點

- 飲食及哺乳時，採取正確坐勢。
- 學習幫嬰兒洗澡、沖泡牛奶等常識，自己動手做一下。
- 向產科護士請教自己的乳汁是否充足。
- 為防止乳腺炎的發生，要按摩乳房，吸出乳房內剩餘的乳汁。
- 檢查是否貧血，注意產婦身體的復原狀況。
- 對育兒有不明白之處及時詢問。

◆ 嬰兒

- 出現新生兒生理性黃疸。
- 開始真正的吸奶，胎便由暗綠色變為黃褐色。

- 在本週內實行代謝異常檢查（新生兒篩檢）。
- 體重因水份含入量減少而減輕。
- 一天中大多時間處於睡眠狀態。
- 做新生兒科檢查。
- 得到出院許可後，辦理出院手續。
- 詢問日常生活的注意事項。
- 母子一起接受出院前檢查。
- 確定沒有問題時出院。

◆回家休養

【注意事項】

- 外陰部疼痛及腫脹沒有消退時，應向醫生提出。
- 注意惡露變化及身體復原情況。
- 不要忘記辦理必要的證明（如兒童健康手冊、出生證明、醫療費用結清等）。
- 健康保險申請手續也要早點辦理。

【嬰兒】

- 注意體重增加情形。
- 注意臍帶的護理，大約兩週內臍帶脫落。

產後第二週

◆ 身體復原狀況

- 子宮從腹部已觸摸不到。
- 乳汁分泌趨於正常。
- 惡露由褐色變為黃色，呈奶油狀。

◆生活要點

- 休息第一，自覺勞累時應隨時躺下休息。
- 自己哺乳、換尿布。
- 幫嬰兒洗澡，以不疲勞為限。
- 家務委託家人，自己僅處理自己的衛生。
- 可用淋浴清潔身體，勿洗盆浴。
- 對惡露的處理及清潔要仔細。

◆注意事項

- 如果感到疲勞，就躺下休息
- 吃容易分泌乳汁的食物（如蛋白質及水份的攝取），保持充分休息及睡眠。

◆嬰兒

- 吸吮乳汁已很在行。
- 排泄量及次數增多。

產後第三週

◆ 身體復原狀況

- 惡露變黃色成奶油狀。
- 產道的傷口大致痊癒。
- 陰道及會陰部的浮腫、鬆弛情形，逐漸復好轉。

◆ 生活要點

- 可以幫嬰兒洗澡、換尿布。
- 可以做一些類似做飯這樣的輕微家務工作，使身體慢慢習慣。
- 外出採購可委託先生、家人、鄰居。
- 和嬰兒一起每天午睡兩小時，每天至少保持八小時睡眠（不要與嬰兒同床，以免發生意外）。
- 可請人幫助洗頭，但要避免受風寒。
- 如果沒有特殊情況，本週可以增加活動量。

◆ 注意事項

- 不要做長時間站立、消耗體力的事情。
- 注意睡眠不足的問題。
- 不要搬抬重物，疲勞時就躺下休息。

◆ 嬰兒

黃疸消失，但有少數嬰兒要近一個月才消失。

消化機能發育完成，出現新生兒特有的黃色糞便

產後第四週

◆身體復原狀況

- 惡露消失，變成白帶。
- 腹部收縮，恥骨鬆弛好轉，性器官大致復原。

◆生活要點

- 減少臥床，漸漸習慣普通生活。
- 可以做日常家務、照料嬰兒，但不要過度勞累，可以去附近購物和辦事。
- 產後一個月可進行健康檢查，嬰兒也進行滿月健康檢查，惡露消失，得到醫生許可後方可盆浴。

◆注意事項

- 乘車盡量控制在短時間內。
- 如疲勞就放下手中事情休息。
- 避免出遠門。

◆嬰兒

- 人便一天三次左右，小便十五次左右。
- 能區別出白天、夜晚活動作息的差別。
- 睡眠時間漸漸穩定下來。
- 喝奶有了一定間隔時間。
- 接受滿月健康體檢。

產後第五週

◆ 身體復原狀況

同第四週

◆ 生活要點

惡露乾淨，進行健康檢查得到醫生允許，可以開始性生活，在最初的二至三週內要謹慎從事。

◆ 嬰兒

逐漸帶嬰兒到戶外呼吸新鮮空氣。先讓嬰兒少穿，當嬰兒逐漸習慣後再帶到戶外。

產後第六至八週

◆ 身體復原狀況

- 陰道壁多少有些萎縮，容易受傷。
- 復原若不好，會出現發燒、疼痛、出血。此時應請醫生檢查。
- 子宮內膜復原（第六至八週左右）。

◆ 生活要點

- 產後四至六週應該進行產後檢查，若狀況良好，可做一些輕微體育活動，也可以外出。
- 可以準備回公司上班（在醫生檢查後，方可決定上班時間）。
- 可以騎自行車、踏縫紉機、開車。
- 可以燙髮，但必須告訴美髮師是產後第一次燙髮。
- 根據身體情況而進行家裡大掃除、庭院掃除。
- 由做產褥操轉向做美容體操。

接下頁

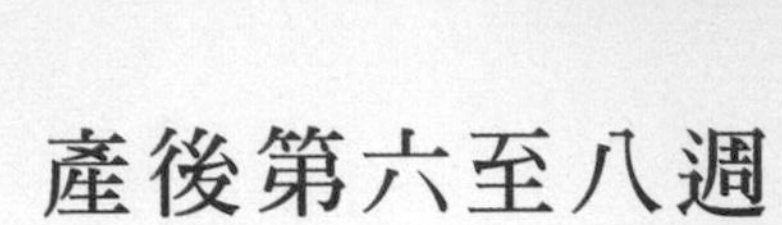

產後第六至八週

◆ 注意事項

- 兩個月後可觀光旅行、海外旅行。
- 若有發燒、疼痛、出血等變化，則請醫生檢查。
- 在哺乳期裡，暫時不到游泳池或海水浴場游泳。
- 有吸煙的人要控制吸煙、喝酒。

◆ 嬰兒

- 體重增加。
- 八週後，如果嬰兒習慣了戶外空氣，
  就可開始進行日光浴。
- 可推嬰兒車帶嬰兒散步。

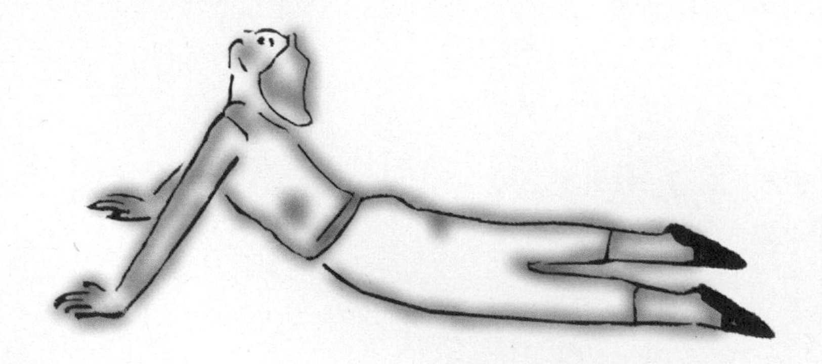

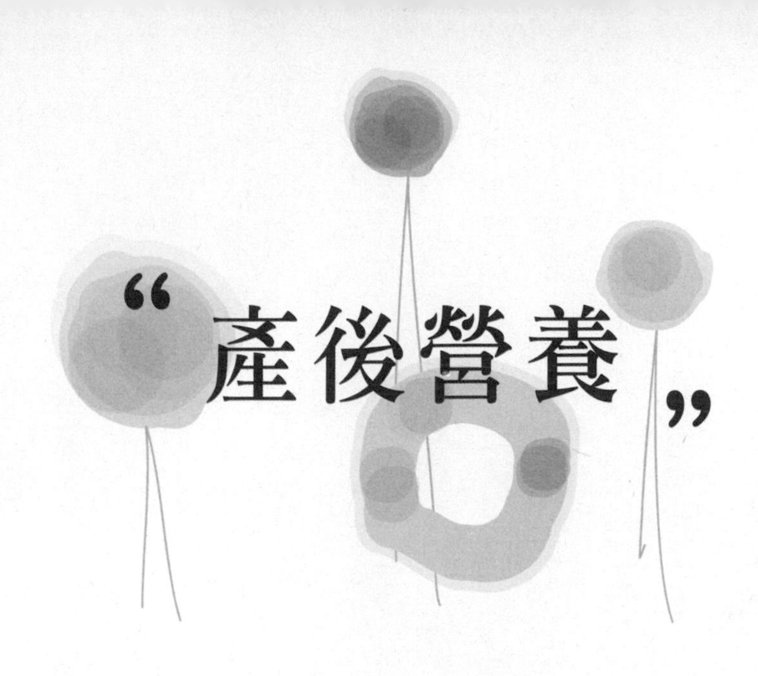

“產後營養”

產婦為了盡快恢復體力，為授乳和育兒做好準備，必須特別注意飲食調養，特別是，盡快補充產婦因懷孕、分娩所消耗的各種蛋白質和維生素成分。

一個產婦，每天大約需要二千七百至二千八百卡的熱量和八十公克蛋白質，這種補充比懷孕前的食品平均增加三十％左右。特別是要注意攝取與乳汁分泌有密切關係（含有大量維生素A、維生素B_1、維生素C）的食品，牛奶也應一天喝二至三瓶。但要注意，產後初期，產婦身體十分虛弱，這種調補不能太快太重，否則容易使產婦驟然發胖，增加她們帶的煩惱。總之，營養的添加是以達到身體康復的尺度為標準。

產婦應增加哪些食品呢？

❶ 增強身體細胞活力的食品：如牛、豬的肝臟、奶粉、乾酪、雞蛋、波菜等，都是上好的補血食品。

❷增加熱量的食品：如奶油、豬油。

❸催奶的食品：如肝類、酵母、大豆、鯉魚、鯽魚、豬蹄、果仁。

❹美容的食品：水果、乾魚、鮮魚、蔬菜、海藻等。

❺藥補食品：如產後氣血兩虧、面色蒼白、口唇淡白、心悸、頭暈，應以補血為主。產後五日，用適量當歸頭燉一公斤重的烏骨雞，連服二至三次。

另外，有些食物對部分產婦不太適合，應注意控制飲食。

例如：患有妊娠毒血症後遺症的產婦，應注意控制鹽分的攝取量；患有貧血的產婦應更多量地攝取蛋白質、蔬菜、水果和含鐵豐富的食品；有便秘的產婦應多增加蔬菜、水果以及牛奶、鹽分的攝取量；有發胖趨勢的產婦應控制糖分的攝取；產後倍感疲勞的產婦應多喝牛奶、果汁、紅茶；有特別嗜好的產婦，應逐漸控制自己喜愛食品的攝取量，如咖啡、香料、辣椒、煙酒等刺激食品。

餵食嬰兒的方式：母乳分泌和乳房保健

荷爾蒙促進母乳分泌，有助於嬰兒餵養。

產後會有少量初乳，較多的母乳分泌一般在產後二至三日。原先柔軟的乳房開始變得豐滿、甚至硬梆梆，分泌出黃色乳汁，這就是初乳。

母乳分泌與荷爾蒙的作用有很大關係。產前由胎盤分泌使乳房發育的助孕酮（黃體素）及雌激素（情素）的荷爾蒙，產後由腦下垂體前葉分泌（泌乳素）的荷爾蒙取代。泌乳素是促進乳汁分泌的荷爾蒙，隨著血液流動，作用於乳腺周圍的腺細胞，由此來分泌乳汁。

為使分泌出的乳汁通過乳管送入嬰兒的口中，腦下垂體後葉分泌的催產素荷爾蒙擔任很重要的角色。

肌上皮這種特殊肌肉樣細胞，如網眼狀環繞乳腺壁；它受腦下垂體後葉分泌的產素影響而收縮，因而當嬰兒吸吮乳頭，腺壁內的乳汁就會通過乳管將乳汁射進嬰兒口中。

當嬰兒吸吮乳頭，腦下垂體會反射性地分泌荷爾蒙。另外，乳汁的製造還應考慮受副腎皮質荷爾蒙及甲狀腺荷爾蒙的影響。

媽媽的精神狀態，左右乳汁的分泌

分娩後第二天或第三天，乳汁開始分泌，乳房膨脹起來。這是因為分泌的大量乳汁存留在乳房裡。

乳汁的分泌，因人而異。有些人在三至四天時出奶就很快、很好；也有些人經過一週才逐漸出奶。還有的人儘管乳房很小，但乳腺發育很好，一經嬰兒吸吮，就能順利出奶。

剛出的乳汁略帶黃色。當變成乳白的成乳後，分泌量也一天天增加。但有時因乳管出口不順暢，所以儘管乳房脹得硬梆梆地很難受，出奶卻不好。此時要按摩乳房，使乳房和乳頭周圍變柔軟，或擠出乳汁疏通乳管。

嬰兒吸吮力量逐漸增強，吸奶技巧也高明起來。隨著嬰兒的這些變化，乳汁的分泌更加旺盛。

媽媽精神狀態的好壞直接影響乳汁分泌。特別是出院後，由於家務和照料嬰兒的雙重勞累，心情焦躁，立刻就會影響乳汁分泌。因此，若夜間出奶不好嬰兒哭鬧不止時，可以餵吸出的奶汁或牛奶，以期睡一夜好覺，使體力恢復也未嘗不可。

心情應不急不躁，始終保持愉快，過一種「泰然處之」的生活，同時不要忘了攝取營養均衡的食物及多補充水分。

乳房的構造

女性的乳房，實際上是由分泌乳汁的乳管和製造乳汁的腺泡構成，二者結合起來形成乳腺。乳腺在乳頭附近形成乳竇，在乳竇的前面是乳管，乳汁經乳管由乳頭分泌。乳管有十五至二十個左右。

乳腺集中部分叫乳腺小葉，它的上面包圍著結締組織及脂肪組織，外面是皮膚，乳頭周圍的褐色部分叫乳暈。

到了青春期，乳房開始發育，這是由於雌激素的作用，乳腺開始生長。再往後，月經來潮，以一定的周期，與黃體素（助孕酮）同時產生作用，於是乳房漸漸變得豐滿起來。

如果懷孕，兩種荷爾蒙分泌變得更加旺盛，乳管及腺泡增加，乳腺一天天發育。分娩後，乳房分泌出乳汁。

乳房保健

- 哺乳前必須洗手。
- 接觸乳房的毛巾要清潔。
- 若乳頭有傷口時，於哺乳完畢時，可以用乳汁塗抹在傷口處，很快即可癒合。
- 哺乳前，以溫濕毛巾捣住乳房五分鐘。
- 嬰兒吃剩下的奶要完全擠出來。
- 哺乳完畢，把浸在熱水中的毛巾擰乾，擦乾淨乳房。
- 保持乳房清潔，若仍有少量泌乳時，可將乾淨紗布置入胸罩內。

乳房按摩

乳房集中了很多血管，稍微不慎就容易淤血、紅腫、導致血液循環受阻，而影響乳汁分泌，按摩乳房會幫助血液循環。

倘若乳汁分泌少，乳頭周圍發硬難以哺乳，乳頭的乳管出口沒有完全張開，嬰兒吸吮困難等等，都要加強進行按摩以疏通乳腺，乳汁分泌就會好起來。

按摩可以從產後第二天開始，一天一次，最多兩次，每個乳房十五分鐘。可以自己按摩，疲勞時也可請先生或醫院的產科護士幫助按摩。

自己按摩時先洗手，用準備好的熱水蒸一下毛巾，擦拭乳房，然後按圖（見下圖）順序按摩。

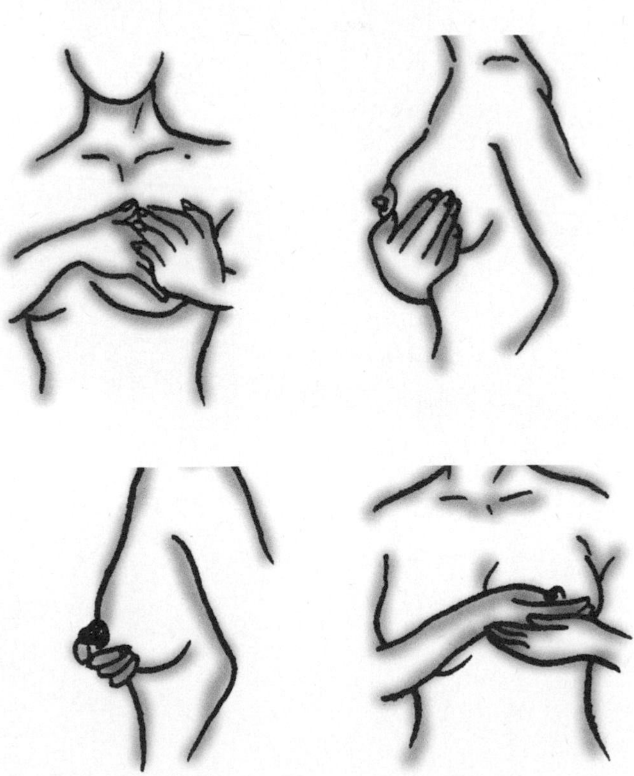

按摩乳頭

乳頭也易發生淤血和腫脹。乳頭下陷常常使嬰兒難以吸奶，而利用按摩使乳頭變得柔軟，便於嬰兒吸奶。請注意乳頭的疼痛及有無傷口。

其他餵食嬰兒的方式：嬰兒奶粉

母乳是無可取代的嬰兒最佳食品，但在不得已時也可以選擇配方奶（嬰兒奶粉）。隨著科技文明的進步，坊間販售的嬰兒奶粉種類越來越多，大部分嬰兒奶粉的營養成分已越來越多，如果是上班族的雙薪家庭，或因為其他因素無法以母奶餵食嬰兒的婦女，也可以嬰兒奶粉沖泡餵食嬰兒，一樣可以使嬰兒生長得頭好壯壯、又健康，但仍然比不上母乳對嬰兒及母體那麼好。

“產後性生活及避孕”

分娩剛結束，產婦的陰道壁和子宮頸尚有創傷，且因分娩時撐大了陰道，粘膜非常薄，極易受傷，特別是那些惡露尚未乾淨的產婦，這個時候同房會引起產褥熱等一系列婦科疾病。產後性生活一般應在產褥期結束，經醫生檢查證實生殖器官等均已恢復正常後進行。

產後性生活

一般來說婦女分娩後，普遍有一段時間出現性欲減退，甚至性冷感現象，這些現象大多是心理因素造成的。其主要原因有以下幾種：

- 分娩後，婦女成天忙於家務、照料孩子而疲備不堪，當然會失去同房的興趣。
- 因為才經歷了相當痛苦的生產過程，那層恐怖的因素還隨時在心理飄浮，特別是害怕再次受這種煎熬，故對性生活自然存有戒心。

・若做過會陰切開術或有會陰裂傷，癒合後的傷口在性交時，有時會隱隱作痛妨礙性交。

・用母乳餵養嬰兒的婦女，在性交時可能出現漏乳現象，使雙方感到窘迫從而影響性交。

・有的婦女因產後盆底肌肉和筋膜肌纖維常有斷裂淤血造成痙攣，此時性交必然會出現障礙。

在性生活恢復正常時，夫妻雙方都應格外小心，特別是剛剛開始性交，為了減少妻子的疼痛，事前最好在妻子的陰部塗些潤滑劑或避孕膏等潤滑其陰道，插入要輕柔，動作也不能太大。最好是採用正常和側臥等合適的體位。

如果產後性交出現疼痛，應找出原因對症下藥。出現產後性交疼痛一般有兩個原因：

❶是因為產後女性體內分泌泌乳素和催乳荷爾蒙過高，雖然能促使乳汁分泌增多，但同時它會使女性陰道分泌物減少，造成陰道乾澀性交時發生疼痛。

❷是施行過會陰切開縫合術的婦女，如果疤痕過大、過硬，也會在性交時引起疼痛。

另外，在排除了性冷感的病理和生理原因前提下，夫妻雙方可嘗試使用一些輔助性的動作。「緊握」陰莖根部，並節律性的擠壓，促進海綿體血管充分擴張增強勃起程度，或柔和地刺激女性性敏感區，對女性性冷感有比較明顯的作用。

總之，對產後性生活出現各種障礙，應及時就醫請醫生開出解決的良方；再來就是夫妻雙方彼此體諒、互相關心。隨著時間的推移，相信這些性生活中的陰影是會逐漸消除的。

產後避孕

產後，婦女的月經不知道從什麼時候開始（取決於婦女的激素刺激程度和自身身體恢復狀況），且周期也不穩定，因此排卵日無法估算，即使未見月經也必須避孕。

我們前面已經說到，哺乳期也應當避孕，同樣道理，產褥期也不適宜用基礎體溫法避孕。產後兩個月期間，身體還未恢復；暫時不能裝置避孕器。如果採用避孕藥的方法，一定要在醫生指導下服藥。

產後的避孕，最好採用保險套、避孕膏、子宮帽以及避孕藥等避孕方法，在實際使用時，為可靠起見，也可以採取兩種方法並用的慎重態度，如避孕軟膏抹在子宮帽上的「雙保險」使用。至於避孕方法、藥物的應用範圍和注意事項，應在醫生指示下使用。

「產後恢復身材的訣竅」

當新生兒成為眾人的焦點時，妳要記得你也有本身的需要，這是不可以忘記的。妳需要花一些時間去調適新生兒所帶來的改變；花一些時間陪嬰兒度過快樂的時光，但產後恢復身材的訣竅是對自己的要求不要太多、太快。

照顧嬰兒的這幾年裡，許多婦女都意識到她們本身的身體變化，這很可能是她們過去未曾有過的體驗。同時，在產後數個月的運動，她們會發現到自己比以前懷孕時更瘦、身材更好。

生產後三至四天，妳會發現，陰道約有二至四個手指寬的空間。當肌肉的力量開始增強時，這空間縮減，變成只剩下一個手指的寬度。

妳可以透過一些簡單的運動，盡早度過這個階段，同時也要開始作一些較為強力的運動，讓肌肉恢復原來的形狀與力量。在開始做這些運動前，要先做一些簡單的檢查，看肌肉是否已恢復至正常狀態。

腹直肌檢查

要做正確的檢查，需要用力地運動這些肌肉。

仰躺、屈膝、腳底貼於地面或床上，腹部肌肉用力，將頭與肩膀抬離地面，同時伸出一隻手，朝腳掌方向平伸，另一隻手的手指置於肚臍下，感覺到兩條有力的腹直肌正在用力。

腹部肌肉運動

骨盆搖擺

這是對於產前課程非常有益的運動，這運動有助於使姿勢正確，在剖腹生產後，也有助於減輕疼痛。仰躺，屈膝，腳掌貼於地面。一隻手置於背部，同時感覺到輕微的空隙。

深呼吸，隨後再慢慢吐氣，同時將背部的肌肉平貼在地板上，壓在手上。數四下，然後放鬆，重複數次，使肌肉的力量增強。可以的話這個運動的時間漸漸地延長。當妳對這種運動有所感覺的時候，可以坐著或站著，以減輕背痛。在做項這運動時，也可以做骨盆收縮運動。

仰躺，屈膝，腳掌貼於地面。吸氣並吐氣，在這同時腹部肌肉用力，然後做骨盆的搖擺運動。

大腿滑動

仰躺，屈膝，腳掌貼於地面。使肌肉緊緊地收縮，並維持腳掌平貼於地板上的姿勢。滑動雙腿往兩邊移動。試著讓背部保持平躺的狀態。當背部與地面開始有空隙的時候，再將雙腿併攏。接著，再重複進行這些運動。最初，因為腹部肌肉無力，所以雙腿張開的程度並不大。但是，當腹部肌肉越來越有力時，雙腿張開的程度也會越來越大。

蹺曲

這個運動有助於增強腹直肌肌肉。

仰躺，屈膝，腳掌平貼於床上。在最初幾週，最好是在頭部下方置一小枕頭。吸氣再呼氣時，同時壓縮腹部肌肉，收緊下顎，並抬起頭部與肩膀，盡可能地離開地板或床鋪，而不使腹部膨脹。數四下，然後慢慢地降低頭部。日後，再漸漸地增加至六或八下，乃至十或十二下，活動雙手至大腿部，使肌肉慢慢地變得有力（見左圖）。假如感覺到頸部緊張，使用一隻手支撐耳朵後方，不要同時使用雙手，因為這需要更強的腹部肌肉。

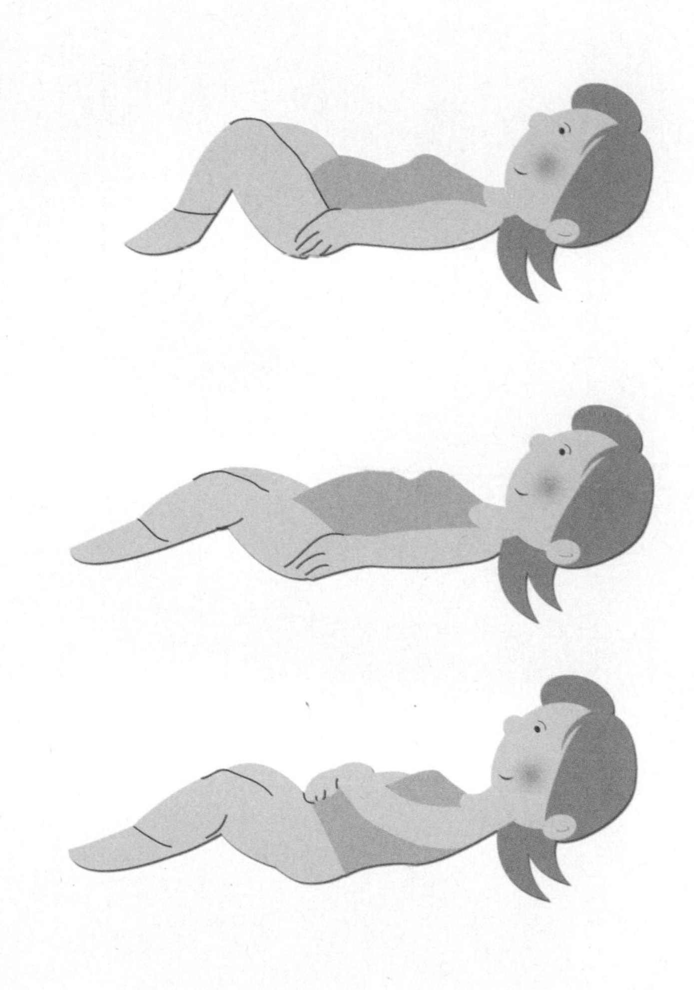

蹺曲並同時固定腹直肌

假如腹直肌有很大的裂口，應該交叉雙手，環繞著腹部（左手在右邊，右手則在左邊，置於腰部部位，見下圖）。

在抬起頭部時，雙手盡量用力地往中間拉近。

骨盆肌肉收縮

採取坐或躺的姿勢，背部往上推至前方，彷彿禁尿時的運動一般。做這項收縮運動時，數四下，以正躺的姿勢呼吸，接著恢復原狀。重複做六次（見下頁）。

每一次上過廁所以後做這項動作，可以使肌肉收縮一些（至少，一天做五十次）。並在生產後的最初幾天，也要盡可能地做這項運動。過了一陣子，檢查肌肉的強度是否增加。同時，可以試著在排尿的過程中停止排尿。不過，最好不要把停止排尿當作運動骨盆肌肉的方式，這只是偶爾檢查肌肉強度的方式而已。

上升運動

想像骨盆肌肉有如一台升降機。拉緊背部與其前方的肌肉，就好像緊緊地關上升降機的門一樣。接著，想像把它升至二樓一樣，肌肉越收越緊，直到最大的限度為止，然後再慢慢地放下。要確定在這段時間內，妳並沒有屏住氣。推動骨盆肌肉，宛如升降機降至地下室一般，使妳本身就能感覺到骨盆肌肉的運動所能夠達到的能力。但是，也要確定在妳完成的時候，要往上推，就像升降機由地下室升至一樓一樣。

性生活的運動

妳可以要求另一半協助妳，當你們在做愛時，陰道用力地夾緊他的陰莖。不要告訴他，妳在做些什麼，但當妳用力收縮陰道肌肉時，可以問他：「你感覺得到嗎？」如果他反問：「感覺到什麼？」那麼妳還需要努力，以改進肌肉的力量。透過這些運動，可以增強肌肉的力量，產生正面的效果。

注意事項

* 要經常牢記，在收縮骨盆肌肉的時候，不要屏住呼吸。
* 要注意到收縮肌肉時的質量，而不是次數。當妳在做收縮肌肉運動時，要確保每一根肌肉纖維都運動到了。
* 在屋子裡的重要地方，如在浴室鏡子或電話上，貼一些有彩色的貼紙作為提示。每一次在看到某種顏色的貼紙時，做五、六次骨盆收縮的肌肉運動。沒有人會知道妳的秘密，除非她們也讀了這本書。
* 在超級市場等結帳、等紅燈轉綠燈，或是看無聊的電視節目時，是妳做額外的骨盆肌肉運動的好機會。
* 站起來咳嗽、打噴嚏或大笑以前，用力收縮這些肌肉。
* 骨盆收縮運動最好一回做六次。

減輕背部疼痛的運動

四肢著地的骨盆搖動運動

骨盆的搖動做法，是仰臥於地，兩腿弓起，腳心朝地面，然後做兩腿向兩邊盡力擺的姿勢。可以很有效地減輕背部的疼痛。不過，另一種採取的姿勢為四肢著地：雙膝、雙手著地支撐著身體，背部保持平坦，在收縮腹部的肌肉時，拱起背，有如正在發怒的貓一般。頭部與背部保持水平狀，接著放鬆並恢復至原位，試著避免讓背部在維持平直之前放鬆。

只要做到以下的動作，就可以並加強背部運動。四肢著地，保持背部不動，低下頭來，開始向後伸直一隻腳。維持一隻腳與背呈一直線，不要過高，再彎曲膝蓋，同時將之置於地板上，讓頭部回到原位置。重複六至八次，接著另一隻腳又重複六至八次。

輕微的腿部搖動運動

生產後的背痛，通常是發生在背部的關節，即脊椎與骨盆連接處。疼痛是發生在脊椎底部的某一側，這種疼痛很可能會擴及整個臀部，同時腿部很可能也會感到疼痛。這項運動對於減輕這一類的疼痛非常有效，尤其是左側的關節；另一側的運動則是減輕右側關節的疼痛。

仰躺、雙腳伸直，並開始彎曲左膝蓋（見下圖）。當妳做這運動時，要使妳的肩膀、頭與右腳維持平貼於地板的狀態，將左膝彎曲至胸部，用左手握住左膝部，並用右手握住左腳踝，輕輕地將膝蓋往肩膀方向推，以右手將左腳踝向陰部靠近，慢慢地放鬆壓力，重複這動作數次，做輕輕的搖擺動作。當妳做完這運 時，注意在站起來的時候，要避免肌肉受到拉傷。

這時，換左腳平貼於地面，慢慢地彎曲右膝。接著將右腳平貼於左腳旁，使雙膝併攏，然後同時抬起雙膝，接著以雙腳著地。

站起來的動作要小心，先慢慢翻身採取跪姿以後半跪，一手平貼於地面，小心地成為站立的姿態。

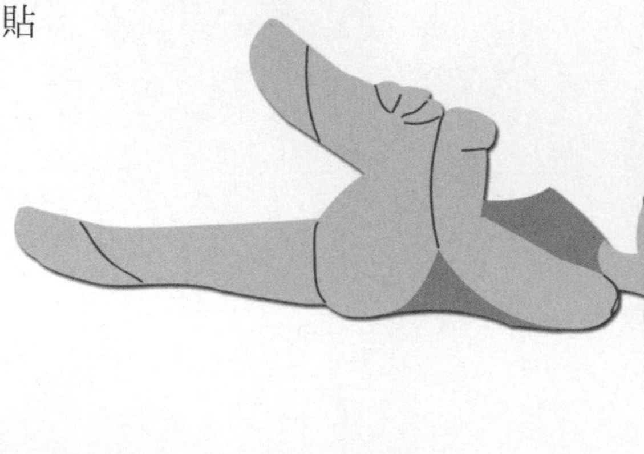

假如背部下方的兩側都產生疼痛感，則仰躺、雙膝彎曲至胸部，以雙手環抱膝蓋，貼緊胸部。抱住大腿，在膝蓋上方由一側搖動至另一側。按照上述的指導，慢慢地站起來。

手臂向後環繞運動

這項運動有助於減輕背部上方肌肉與肩膀肌肉的緊張，並改善姿態。

保持站立的姿態，雙腳分開約三十公分，維持膝蓋的柔軟度，同時不要向後傾。要確保臀部的收縮與腹部的緊縮。手臂向上與向前，高過耳朵繞圈。

另一方式，則是坐在沒有靠背的板凳上，將雙腳平置於地板上。雙手置於肩膀上，同時手肘向上與向前繞圈，要以最舒適的方式盡可能地繞大，盡量貼近雙耳。同時身體的其他部分要保持正直，不要因為肩膀僵硬而弓起背。

在幾個過程中，要有韻律地呼吸。手肘再繞一次圈時，肩膀都要離開雙耳，重複大約八至十次（雙臂不應朝前方繞圈，因為只會徒增肩膀向前拱成不良姿勢的可能性）。

側彎

這個動作有助於背部由一側移動到另一側。

雙腿張開與髖部同寬，同時雙手置於髖部，使膝蓋保持柔軟。收縮腹部肌肉，同時臀部保持收縮。將髖部維持於中心，身體的重量要平均地分配在雙腳上，柔軟地側彎至最大的限度，維持彎曲的姿態數秒鐘。接著重複往右側彎，要維持身體平直的狀態，就彷彿是位於兩扇窗戶之間的一直線之間搖擺。避免為了增加運動而踮起腳尖，否則會造成不良效果。

另一方式是坐著，雙臂平置於兩側。側彎時深吸氣，恢復姿態時則吐氣。每次重複這 作八至十次。

頭部、膝蓋與手部的環繞運動

脊椎上半部的運動主要是回旋運動，而且回旋的程度通常是很有限的。這運動可以增加上半身的軀幹與肩膀的靈活度。

雙腳直立張開，與髖部同寬，使膝蓋保持柔軟、手臂與手掌伸展，與肩膀同寬。同時，與肩膀的高度同高，收縮腹部的肌肉並收緊臀部，維持下髖部正對著正前方。同時，眼睛注視著左手指尖。肩膀與手臂盡可能地往前繞，使右手彎曲橫過胸部，維持這姿態數秒鐘。回到中心點，然後再往相反的方向彎曲。在身體向左或向右旋轉的時候呼氣，而在恢復體位的時候吐氣，重複這動作八至十次。

軀幹、膝蓋與臀部的彎曲

這運動有助於妳更加容易地向前彎與向後仰，同時使妳的臀部關節更加靈活（見下圖）。

身旁置一椅子，直立於椅子旁，一隻手扶在椅背上。維持膝蓋的柔軟度，輕輕地抬起右腳的腳跟，同時彎曲頭部與軀幹，使頭部與軀幹靠近右膝。在做這動作的時候呼氣，維持這動作數秒鐘，然後慢慢地恢復原來的狀態，並吸氣。

提起右膝，使之呈水平狀，在換腳以前重複這個動作四次（如果以單腳站立，然後要提起膝蓋，或是向前彎的時候，會引起背部的疼痛，那麼就要避免做這動作）。

消除緊張的肌肉按摩

按摩

按摩可以鬆懈身心，也按摩是消除因為緊張而導致背部疼痛的方式之一。按摩可以促進血液的輸送，並可以加速體內有害物質的分解，因為這些有害物質很可能會引起肌肉的酸痛。

在度過漫長的一天以後，鼓勵妳的另一半為妳按摩。妳可以在較不疲累時，也為妳的另一半進行按摩。這是使施行者與受施者同時感到輕鬆的活動。而且，當妳尚未完全準備好進行性行為時，按摩也是很好的表達愛意的方法。可以利用某些植物油或爽身粉塗在手上，以預防手的擦傷。按摩時，要避免按摩骼骨的部分，以免感到不適；雙手要放輕鬆，輕輕地搓揉按摩的部位。可以將一些油滴在手掌中；然後塗抹在肌膚上。薰衣草、薄荷油與迷迭香，是對肌肉僵硬疲倦特別有效的芳香按摩油。使用這些芳香油按摩較舒適，但要謹慎地遵照其稀釋方法的指導，因為這些油必須在稀釋後才能使用。

頭部與背部

以最舒適的姿勢俯躺在床上，或是把頭部用手或枕頭墊在桌子上，維持頭部的正直，而不要傾斜於任何一側，因為這樣做會有不必要的頸部扭曲增加，或增加頭部肌肉的緊張。重要的是按摩者本身就要放鬆，並感到舒適，否則其緊張的壓力會透過按摩的手，而傳送至被按摩者身上。維持手腕和手指的輕鬆，用身體的力量來增加按摩的壓力，而不僅僅是用手臂的力量來進行按摩。

搓揉

不論是由身體的哪一個方向進行輕柔的撫摸與滑動，這種搓揉都是令人感到舒適，並且能鬆懈身心的。在此舉例如下：

將一隻手置於肩膀上，由右手輕輕地開始搓揉至腰部左邊。當右手到達腰線的最凹處時，用左手向下搓揉。在這同時右手再置於肩膀上，重複搓揉的運動，如此交換手來從事這運動，可以確保至少有一隻手與背部的肌膚接觸，感覺非常舒暢。

另一種搓揉的技術是稍微加強壓力，促進血液循環的搓揉運動。這通常是只朝一個方向進行的運動——從外側到接近心臟部位的運動（舉例而言，由腳趾部位至臀部）。這種按摩可以促進血液加速回流至心臟。

搓揉是可以用雙手手掌與指尖來進行較深的循環運動。在這次運動中，雙手與肌膚之間的接觸，不僅是摩擦肌膚的表面，而是在運動肌膚底下的肌肉，不會使肌膚被摩擦得很不舒適。在某一些區域做完循環運動以後，將手掌由一個區域移向另一個區域，同時使肌肉的主要部分都概括於其中。這次運動對於解除背部上方肌肉環節所造成的疼痛特別有效，尤其是在肩膀與肌肉頭部的部位。

臉部按摩

做臉部按摩是一件非常舒適的事情，有助於消除臉部的皺紋，要盡量地用指尖來做，而不是大拇指，除非後敘的「注意事項」指示特別說明要用大拇指來做。如果由他人來做臉部按摩，這會更加舒適。撫摸、拿捏與指尖的壓力，是最有效運用的技術。要注意的是，應避免拉扯在眼睛周邊比較柔弱的皮膚，使用滋養霜作為臉部的按摩油，也許是較為適當的。

最初六個星期的運動

將身體置於地板上。不論妳何時做蹲臥起立的運動，重要的是避免任何不必要的扭曲運動（見下頁圖）。

注意事項

* 在接受按摩的時候，把自己的感受告訴對方是很重要的，例如：告訴對方，其用力是否過重或過輕。
* 一定要遮蓋身體未按摩的部分以免著涼，這很重要。
* 避免拉扯皮膚或將手指戳入肌肉，使雙手保持輕鬆。同時，在施加力量的時候，要使用整個手掌的力量。除非是在揉捏時，特別需要使用拇指與指尖的力量之外。
* 使用兩隻大拇指，由鼻梁處朝眉毛方向按摩，每一次的按摩，逐漸地往前額方向提升。
* 兩隻拇指並排，在額頭的正中處輕輕地往下壓，維持這動作數秒鐘。另外，在重複進行動作時，位置再稍稍地往上移。
* 輕輕地用手指尖拿捏下巴、同時以簡單的動作搓揉臉頰。

起身時，由背後至側面採取膝蓋彎曲的姿勢，慢慢地起來。將身體往前推，成為側坐的姿勢，隨後雙手雙腳著地，成為貼地的姿勢。將單腳置於前方貼緊地面，轉而成為半跪的姿勢。雙手置於彎曲的大腿上，撐起手體呈站立的姿勢。

產後六個星期後的運動

暖身運動

暖身是任何運動課程前非常重要的部分，其目的是為了讓身體進入運動狀態，同時避免肌肉的疲勞與受傷，例如：扭傷與肌肉的拉傷。

不要認為這是在浪費時間或精力，即使在時間不足時也不可以省略暖身運動。暖身運動包括韻律的活動，它可以逐漸增加強度，並且其強度足以造成輕微的流汗。這是完成暖身運動後的結果，其好處如下：

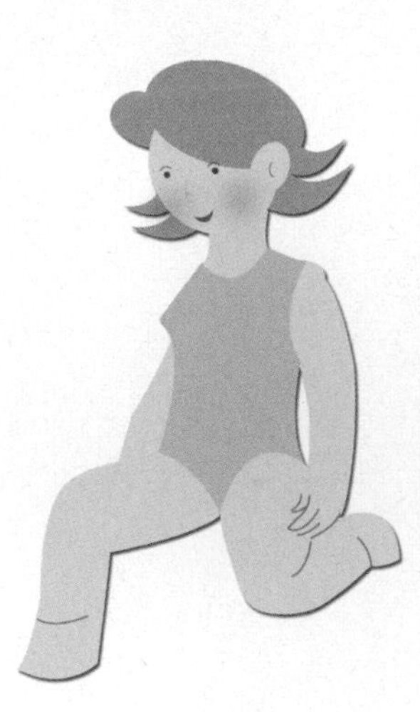

- 使身體的體溫逐漸上升，可以加快肌肉力量的速度。
- 可促進血液輸送至肌肉與關節的速度，有助於血液中的含氧量增加。
- 能使發冷的肌肉溫暖，而降低受傷的可能性。
- 使心肺功能作好準備，以便做有氧運動課程中較激烈的運動。

暖身運動應該包括一些伸展運動，特別是在有氧運動課程與肌肉強度訓練課程中會用到的大肌肉。經過暖身運動以後，肌肉的伸展狀況會較好，並且較不容易受傷。

彎曲膝蓋與收縮肩膀

雙腳分開站立，腳尖微微向外張，體重平均地置於雙腳上，膝蓋微微彎曲。收縮臀部與腹部，雙手置於髖骨節上。彎曲膝蓋，維持膝蓋在腳尖正上方的姿勢。同時運動大腿的肌肉。彎曲與伸展的速度不要太快。音樂二拍時彎曲，二拍再伸直，重複四次。

當妳在每一次彎曲膝蓋的時候，將體重移至另一隻腳上，並將伸直的大腿腳掌向前站地，保持肩膀不要彎曲。每一隻腳的運動重複四次。最後，當妳把重量由一隻腳移到另一隻腳的時候，加入膝蓋向上與向下收縮的運動。每一側的運動重複四次。在整個運動過程中，要維持呼吸的平順。

手臂環繞

雙腳分開站立，腳尖微微向外，將體重平均置於雙腳上，膝蓋微微彎曲。要確定臀部和腹部已經收緊。

將左手臂高舉過左耳，然後向上並向前環繞妳的左手臂。當妳放下手臂的時候，彎曲膝蓋。同時，當妳臂向上舉時，伸直膝蓋。恢復原來的姿勢，左手臂的動作重複進行四次。接著換手臂，以右手臂重複做四次相同的動作。

注意事項

* 假如正值哺乳階段，當妳在運動時，在內衣裡要穿著良好的哺乳用的胸罩，否則會發生溢奶的情況，特別是在環繞手臂的時候。
* 手臂要盡量貼緊耳朵。
* 不要因為肩膀僵硬，而拱起背部。
* 在環繞手臂的時候，確實做出向前的方向。
* 在整個運動過程中，一直保持有韻律地呼吸狀態。

骨盆傾斜與環繞運動

- 雙腳張開直立，與髖部同寬，膝蓋微微彎曲，臀部收縮，腹部與骨盆肌肉向內收（見下圖）。
- 骨盆微微向前傾，輕輕地拱起背部，然後收緊骨盆與腹部。
- 現在臀部做大型的繞圈運動，由左向前、向右再向後。一個方向要重複二次，要確定是在運動臀部，而不是膝蓋。持續繞圈的動作，重複四次。接著，換一個方向進行繞圈運動。

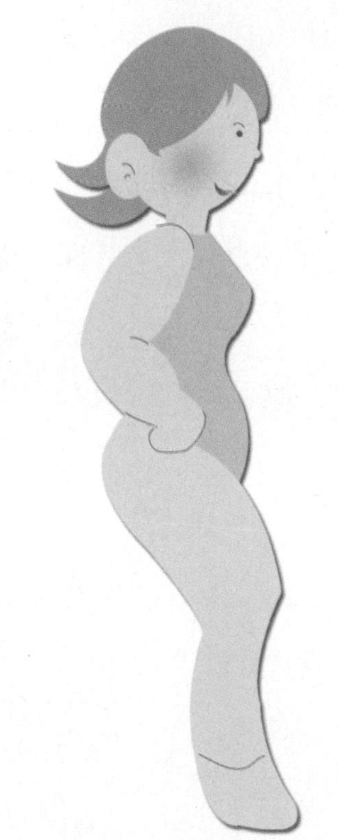

向前與向後踏步拍掌

- 與骨盆傾斜與環繞運動的站立姿勢相同。向前踏四步，最後一步時，雙手在頭部上方拍掌三下。

・改變方向，後退步行四步，
在最後一步時，雙手拍掌，
三下。

・原地踏步八下，雙手用力地
擺動於身體兩側。

・重複同樣的過程兩次。

注意事項：保持小幅度的運動範圍，但是避免強調背部的過度隆起。維持運動的緩慢與有韻律。注意骨盆收縮與腹部向內收的感覺。在做整個運動課程時，要記得骨盆內縮與腹部肌肉內收的力量，彷彿是要矯正在原本懷孕時，骨盆向前傾而腹部鼓起姿勢的反作用力一般。

側彎

• 雙腳與髖部同寬直立，膝蓋保持柔軟，骨盆收縮，腹部與骨盆肌向內收。雙手置於髖部，向左側側彎。

• 左手臂向外伸，並輕鬆地彎曲右手臂，置於右胳肢窩之下。回到中心，向前伸展手臂，與肩膀同寬。在彎曲的時候呼氣，當身體回至中心點的時候吸氣。重複一次，側彎至另一邊，然後再回到中心點。

每一側要重複做四次。

注意事項：小心不要向前或向後彎曲，而是要向側邊彎曲，並且不要做出彈跳的動作。

頭部、膝蓋與肩膀的環繞運

• 雙腳張開站立與髖部同寬，膝蓋保持柔軟，骨盆收縮，腹部與骨盆肌肉向內收。手臂向前伸展，與肩部同寬（見下頁圖示）。

• 髖部正對著正前方，腹部收縮臀部肌肉亦緊收，由後方看時，可發現妳旋轉腰部。然後，再對著正前方。在進行旋轉運動時呼氣，回到中心點時吸氣。目光要集中在前方手臂的指尖。

膝蓋抬起

雙腳張開站立與髖部同寬，身體的重量平均地置於雙腳上，膝蓋微微地彎曲，而手置於髖部。抬起一側的膝蓋至與髖部同高，同時用另一側的手指尖碰觸膝蓋。然後將腳歸於原位。再以另一隻腳做相同的活動。兩邊各重複四次。

注意事項

* 假如妳有關節方面的問題，將身體的重量由一隻腳移至另一隻腳時，可能會引起疼痛。如果是這樣，那就把妳前面腳尖的重心由一隻腳移到另一隻腳，同時伸展另一側的手臂，朝下靠近膝蓋。

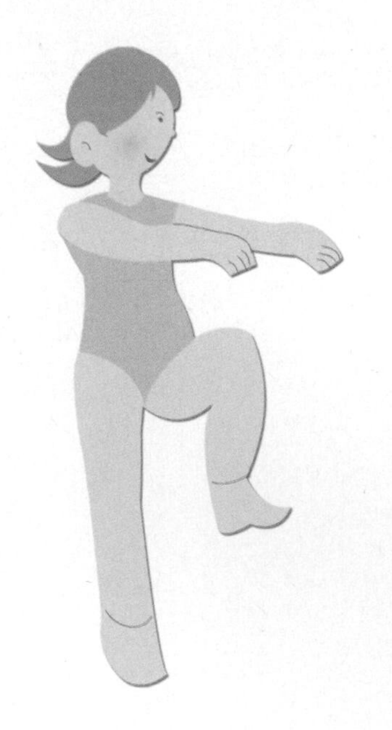

胸部（穿過胸腔前方的肌肉）的伸展

雙腳分立，與髖部同寬，保持膝蓋的柔軟，腹部收縮，骨盆向內收緊。雙手置於背後並握緊，盡可能地朝背部向上拉。妳應該會感覺到在胸腔前方肌肉的張力，避免手肘關節的鎖緊。假如胸部感到疼痛，要暫時停止這項運動。

腿部運動

目標：增強臀部外側與大腿主要肌肉的強度。

外轉肌的上提

・雙腳站立併攏，以右手支撐椅背。左腿膝蓋部位向後彎曲。

・維持髖部的平直，同時雙腿保持平行，提起左腿盡量朝外側伸。這會使兩側大腿的外轉肌都運動得到。右邊的外轉肌是呈動態運動，而左側的則呈靜態運動，要保持與地面呈水平狀態。

由於如此，所以不應該只針對某一邊的肌肉進行運動，否則很容易疲倦。只要重複六至八次即可。然後要先做以下的運動，再換另一邊進行運動。

緩和運動

目標：緩慢而有韻律地恢復原先沒有做運動的姿態。

手臂的環繞運動

雙腳分開直立，與髖部同寬，保持膝蓋的柔軟，骨盆向內縮，肩膀向內縮，肩膀向後傾。將雙手貼近耳旁，高舉過頭部，在頭上繞成一圈。當妳放下手，置於大腿前時，彎曲膝蓋；再把手高舉於頭上時，又伸直雙膝。在雙手已達最上方時，做一深呼吸。有韻律地重複這項運動四至六次。

腿部的環繞運動

一隻腳平貼於地上，另一隻腳的腳尖著地，環繞這隻腳的腳踝數次，要維持腳尖貼於地板上，進行環繞運動。重複另一方向，然後再換腳進行。

在運動課程之後

以數個環繞手臂的大動作做為課程的結束，每一次在手通過頭部時要深呼吸。

運動可以使身體釋放出天然的內啡呔（含解痛成分的物質），使心情振奮。在運動課程結束以後，應該會感到心情舒暢、輕鬆，並充滿了活力。如果在運動後，終日都提不起勁來做其他的事，即表示運動難度可能太高了，所以需要針對課程再做調適。

在了解身體與其運動方式的功能以後，可以從運動課程中學得更多。如果發現很難持之以恆，不妨試著從事其他運動，例如：羽毛球或游泳，任何自己所喜歡的運動。

注意事項

* 運動後，逐漸地使身體恢復原先尚未運動時的狀態，而不是突然停止。這一點是非常重要的；因為運動時，大量的血液會流經妳剛運動過的肌肉，如果突然停止運動，會使妳產生昏眩感。

附錄

PART 6

“懷孕期應增加多少體重才算適當”

・懷孕初期，約增加1至2公斤。

・中期，約增加4至5公斤。

・後期，約增加5至6公斤。

・整個懷孕期間，體重以增加10至14公斤為宜。

・體重過重的孕婦，不宜在懷孕期間減重；體重過輕的孕婦，則應在懷孕期間增加體重，以儲備分娩時需要的力氣，以及使腹中的胎兒分娩時有適當的體重。

“入院待產時應攜帶的物品”

文件

・身分證、印章（這是辦理住院登記、寶寶出生證明及填寫剖腹生產或自然分娩同意書時，少不了的基本重要證件。）

・檢驗報告（當你不在產檢的同一家醫院生產時，就須攜帶相關檢驗資料，以助醫師瞭解你的身體狀況。）

・掛號證、健保卡及媽媽手冊（辦理住院手續及幫助醫生瞭解產檢狀況。）

・親友的聯絡電話（孩子出生時可將消息第一時間告知親友。）

物品

・換洗衣物兩套、盥洗用品（牙刷、毛巾、肥皂）

・熱水瓶、衛生紙、產墊、溢乳器

・帽子、襪子、梳子、小洗臉盆

・一套新生兒出院時要穿的衣服、包巾一條、帽子

“懷孕時爲孩子準備的物品”

- 紗布衣數件、包巾、拖毯、手套、腳套
- 奶瓶消毒鍋、玻璃奶瓶數個、奶嘴數個、奶嘴鏈二個、棉花棒、小指甲剪、奶瓶刷
- 尿布、方巾小的和長的各數條、大毛巾數條
- 嬰兒沐浴乳、嬰兒爽身粉
- 嬰兒床、嬰兒推車
- 柔衣精
- 凡士林

“什麼是拉梅茲生產法？”

• 拉梅茲是為了紀念一位法國婦產科醫師（Dr. Lamaze）而得名。

• 拉梅茲法的學習，孕婦除了應對生產有清楚的認知外，還可藉由拉梅茲生產法加強對身體的鍛鍊，神經肌肉的控制、幫助生產的放鬆，以及特殊的呼吸法等技巧，這都需要在產前充分的準備與演練，因此懷孕七、八個月時，夫妻最好能一起參與拉梅茲生產法的學習。夫妻一起學習，有助於在孕婦待產與分娩時，能達到協同的作用，共同為孩子的出生而努力。

國家圖書館出版品預行編目 (CIP) 資料

懷孕必備枕邊書 / 張震山作 .
-- 二版 . -- 新北市 : 養沛文化館出版 : 雅書堂文化發行 , 2019.01
面； 公分 . -- (SMART LIVING 養身健康觀 ; 89)
ISBN 978-986-5665-67-8(平裝)

1. 懷孕 2. 妊娠 3. 分娩 4. 產前照護

429.12 107021811

【SMART LIVING 養身健康觀】89

懷孕必備枕邊書（熱銷版）

作　　者／張震山
發 行 人／詹慶和
總 編 輯／蔡麗玲
執行編輯／李宛真
編　　輯／蔡毓玲・劉蕙寧・黃璟安・陳姿伶・陳昕儀
執行美術／陳麗娜
美術編輯／周盈汝・韓欣恬
出 版 者／養沛文化館
郵政劃撥帳號／18225950
戶　　名／雅書堂文化事業有限公司
地　　址／新北市板橋區板新路 206 號 3 樓
電子信箱／elegant.books@msa.hinet.net
電　　話／(02)8952-4078
傳　　真／(02)8952-4084

2019 年 01 月二版一刷　定價 280 元

經銷／易可數位行銷股份有限公司
地址／新北市新店區寶橋路 235 巷 6 弄 3 號 5 樓
電話／(02)8911-0825
傳真／(02)8911-0801

Pregnancy Knowledge

All that You Need to Know about Pregnancy

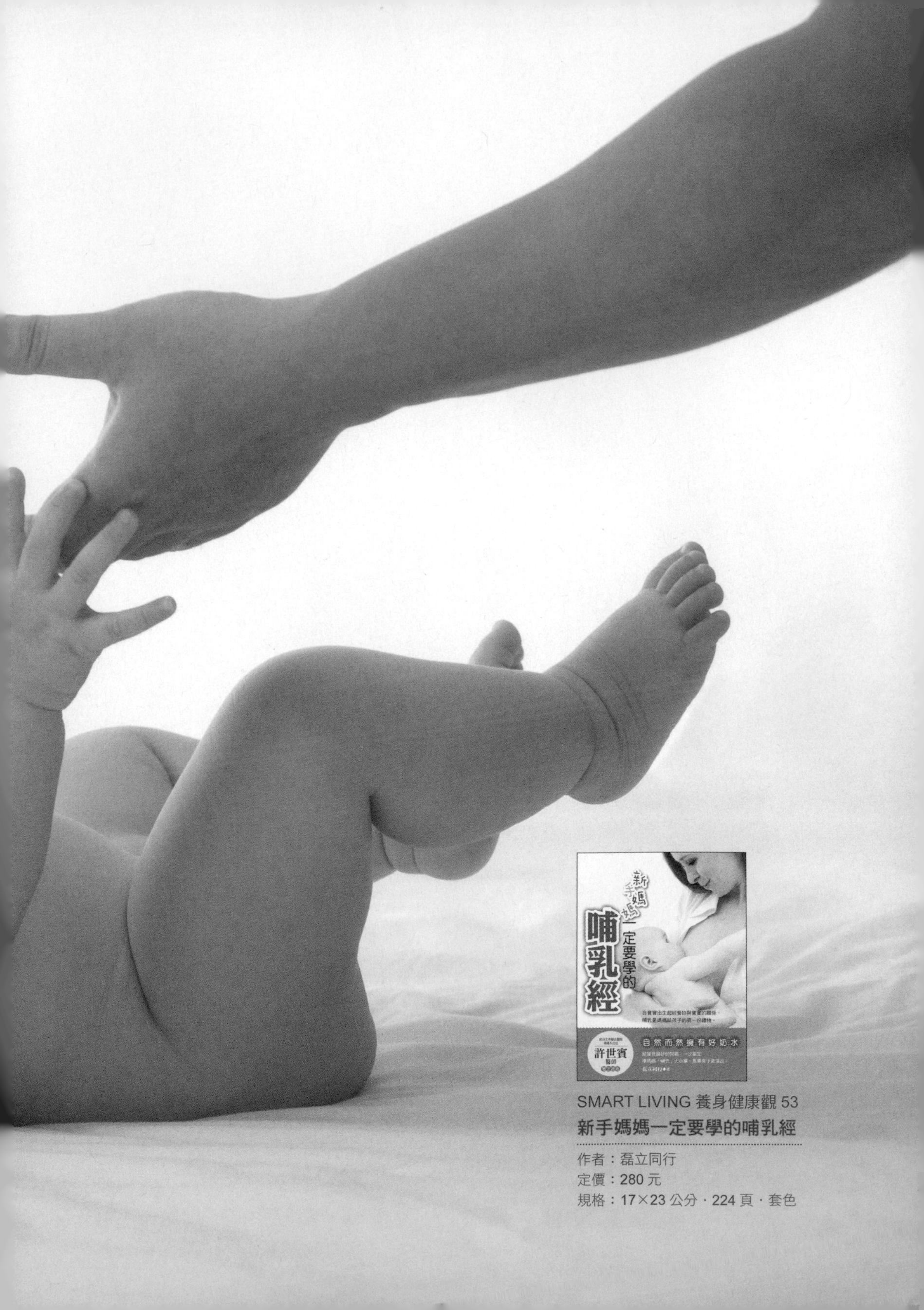
新手媽媽一定要學的
哺乳經
自然而然擁有好奶水
許世賓
醫師
SMART LIVING 養身健康觀 53
新手媽媽一定要學的哺乳經
作者：磊立同行
定價：280 元
規格：17×23 公分．224 頁．套色

新手媽媽一定要學的

哺乳經

母乳是媽媽給孩子的第一份禮物，
為媽媽與寶寶之間建立親密的關係，
親餵母乳不但能提供寶寶更優質的營養，
也能為親子關係建立一座橋梁。
哺乳讓媽媽更有責任感、成就感、
更加瞭解寶寶；讓寶寶更有安全感、
心理發育更健全、更聰明，與媽媽更親密。

中國人向來注重子嗣的傳承，對婦人備孕、待孕、產子早就有諸多深入的研究。比起西醫，中醫是直接由腦下垂體給予身體適當的調理，以全身氣、血、津液三者的調理，調和女性的情志，養好精氣神，更注重體質的根本調理，消除病源； 並針對不同的體質，進行各項分類的研究，施以正確的調理方法。

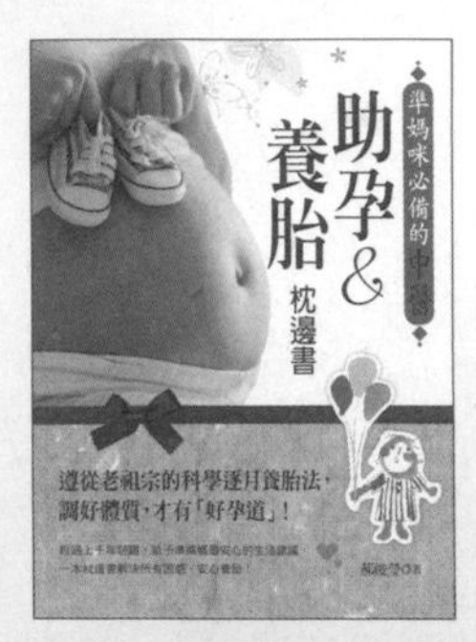

SMART LIVING 養身健康觀 73

準媽咪必備的
中醫助孕 & 養胎枕邊書

作者：郝俊瑩
定價：208 元
規格：17×23 公分．280 頁．彩色

準媽咪必備的 中醫 助孕&養胎枕邊書

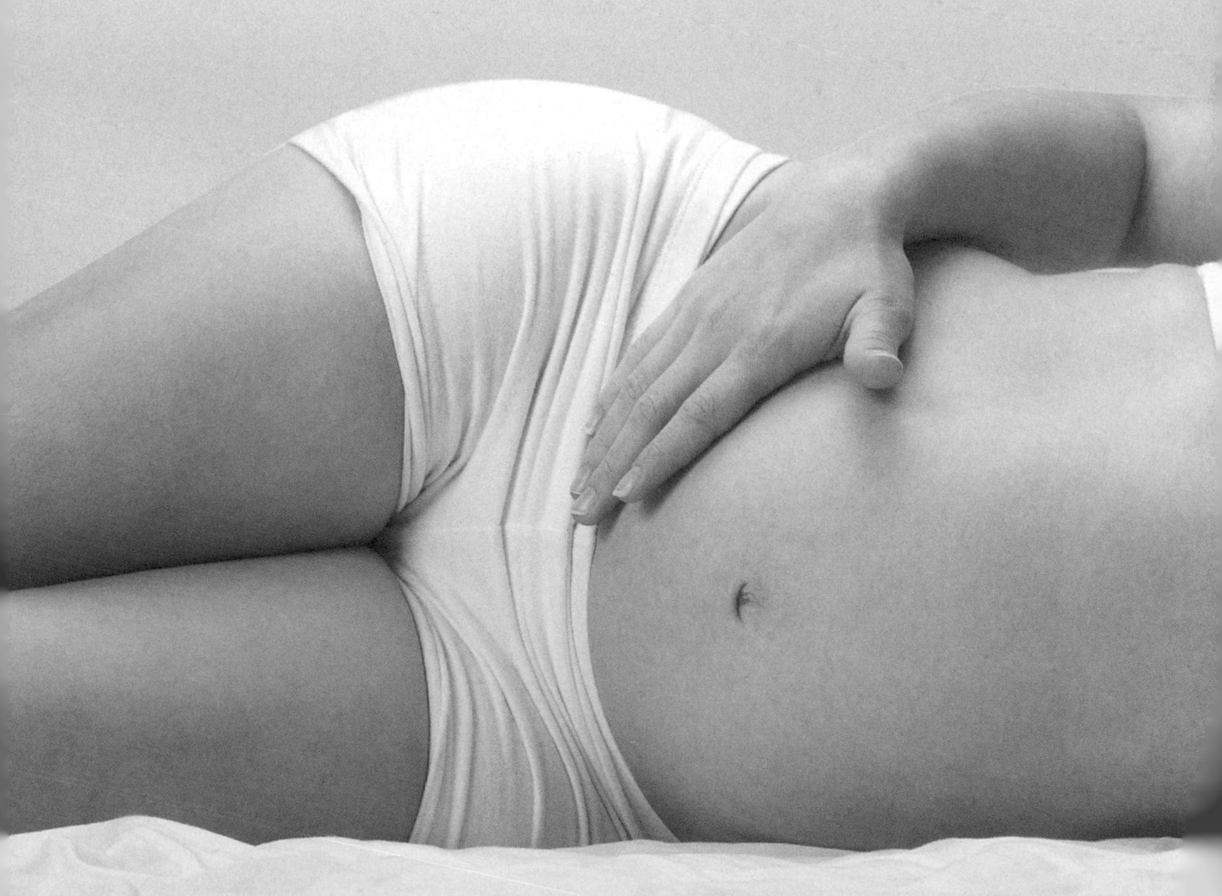

Pregnancy Knowledge

All that You Need to Know about Pregnancy